中等职业学校教学用书

Windows 7 应用基础

（第 2 版）

李　晶　刘粉萍　徐　浩　主　编
王　健　主　审

電子工業出版社
Publishing House of Electronics Industry
北京 • BEIJING

内 容 简 介

本书内容包括认识 Windows 7 操作系统、文件及文件管理、文字输入、附件程序应用、多媒体应用、网络应用、因特网应用、系统设置和高级应用 8 个部分。本书从强调实用性和操作性出发，以任务案例和技能训练为主，便于读者快捷而又全面地掌握 Windows 7 操作系统的使用技能。

本书体现了“做中学，做中教”的教学理念，以技能训练为核心、以任务案例为线索，通过任务案例的完成过程引领读者在实践中积累技能和运用知识，学会应用技巧，以达到迅速掌握 Windows 7 操作技能的目的，尤其易于初学者上手。

本书可作为中等职业学校计算机应用基础课程和计算机相关专业的教材，也可作为培训机构教学用书和计算机操作入门人员的学习与参考用书。

图书在版编目（CIP）数据

Windows 7 应用基础 / 李晶，刘粉萍，徐浩主编．—2 版．—北京：电子工业出版社，2020.6

ISBN 978-7-121-37449-4

Ⅰ. ①W… Ⅱ. ①李… ②刘… ③徐… Ⅲ. ①Windows 操作系统—中等专业学校—教材 Ⅳ. ①TP316.7

中国版本图书馆 CIP 数据核字（2019）第 209097 号

责任编辑：罗美娜　　文字编辑：徐　萍
印　　刷：三河市君旺印务有限公司
装　　订：三河市君旺印务有限公司
出版发行：电子工业出版社
　　　　　北京市海淀区万寿路 173 信箱　邮编　100036
开　　本：787×1 092　1/16　印张：13.75　字数：352 千字
版　　次：2018 年 5 月第 1 版
　　　　　2020 年 6 月第 2 版
印　　次：2025 年 3 月第11次印刷
定　　价：32.00 元

凡所购买电子工业出版社图书有缺损问题，请向购买书店调换。若书店售缺，请与本社发行部联系，联系及邮购电话：（010）88254888，88258888。

质量投诉请发邮件至 zlts@phei.com.cn，盗版侵权举报请发邮件至 dbqq@phei.com.cn。

本书咨询联系方式：（010）88254617，luomn@phei.com.cn

前言 | PREFACE

当今社会是科学技术与信息迅猛发展的时代，随着计算机的广泛使用，掌握和应用计算机已经是科学发展和走向未来信息化时代的需要，且已成为当今合格人才的必备素质之一。操作系统是计算机的核心总控软件，是计算机系统的指挥和管理中心，是计算机系统的灵魂。掌握操作系统的基本功能和应用技巧，是学习使用计算机应用技术的必经之路。

本教材系统地介绍了 Windows 7 操作系统的主要功能和应用技巧，以任务案例穿插相应的技能训练和知识，便于读者快捷、迅速而又全面地掌握 Windows 7 操作系统的使用技能。教材的主要内容包括认识 Windows 7 操作系统、文件及文件管理、文字输入、附件程序应用、多媒体应用、网络应用、因特网应用、系统设置和高级应用 8 个部分。

本教材在编写理念上以任务驱动教学方法为基础，以技能训练为核心、以任务案例为线索，综合技能与知识点解析、知识链接等栏目，通过任务案例的完成过程引领读者在实践中积累技能和运用知识，了解应用技巧，以达到迅速掌握 Windows 7 操作技能的目的，尤其易于初学者上手。

本书参考教育部 2009 年颁布的《中等职业学校计算机应用基础教学大纲》和教育部 2014 年颁布的《中等职业学校专业教学标准》编写，可作为中等职业学校计算机应用基础课程和计算机相关专业的教材，也可作为培训机构教学用书和计算机操作入门人员的学习与参考用书。

本书由李晶、刘粉萍、徐浩主编，第 1 章由李晶编写，第 2、4 章由刘粉萍编写，第 3 章由徐浩编写，第 5 章由葛晓峰编写，第 6 章由王振彬编写，第 7 章由郑海花编写，第 8 章由许晓璐编写。本书由王健主审。

由于编者水平有限，编写时间仓促，书中难免有不足之处，请读者不吝赐教。

编 者

2020 年 1 月

目录 | CONTENTS

第 1 章

认识 Windows 7 操作系统

计算机是 20 世纪最先进的科学技术发明之一，对人类的生产活动和社会活动产生了极其重要的影响，并以强大的生命力飞速发展。它的应用从最初的军事科研扩展到社会的各个领域，已形成了规模巨大的计算机产业，带动了全球范围的技术进步，由此引发了深刻的社会变革。计算机已遍及一般学校、企事业单位，进入寻常百姓家，成为信息社会中必不可少的工具。

操作系统是管理计算机硬件资源，控制其他程序运行并为用户提供交互操作界面的系统软件的集合。操作系统是计算机系统的关键组成部分，负责管理与配置内存、决定系统资源供需的优先次序、控制输入与输出设备、操作网络与管理文件系统等基本任务。Windows 7 是由微软公司（Microsoft）推出的操作系统，Windows 7 可供家庭及商业工作环境的笔记本电脑、平板电脑、多媒体中心等使用。Windows 7 较之前的操作系统更易用、更快速、更简单、更安全且有更低的成本、更好的连接，因为这些优势 Windows 7 是现在最为流行的操作系统之一。

学习要点

- 操作系统的分类
- Windows 发展历程及分类
- Windows 7 的启动和关闭
- 认识桌面
- 任务栏和开始菜单
- 控制面板

1.1 Windows 7 的启动和关闭

知识要点

操作系统的种类很多，各种设备安装的操作系统既有简单的，也有复杂的；既有手机的嵌入式操作系统，也有超级计算机的大型操作系统。目前流行的现代操作系统主要有 Android、BSD、iOS、Linux、Mac OS X、Windows、Windows Phone 和 z/OS 等，除了 Windows 和 z/OS 等少数操作系统，大部分操作系统都为类 UNIX 操作系统。本章重点介绍 Windows 操作系统。

实战任务

任务　Windows 7 操作系统的启动和关闭。

任务描述：

安装完 Windows 7 操作系统之后，如何创建“账户”并设置密码？如何注销和切换账户？如何关闭计算机？

任务要点：

（1）创建或删除账户，设置密码；

（2）注销和切换用户；

（3）关闭计算机。

任务实施：

1. 创建或注销账户

① 单击“开始”按钮，在“用户账户和家庭安全”一项中选择“添加或删除用户账户”选项，如图 1-1 所示。

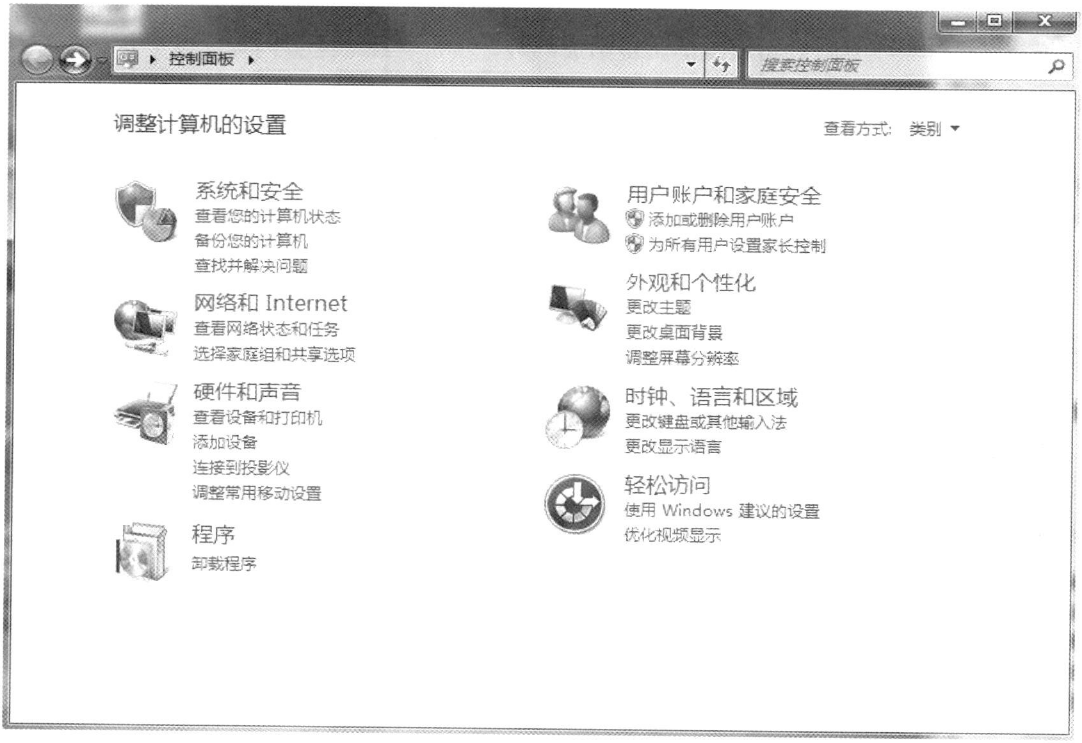

图 1-1　添加或删除用户账户

② 在打开的如图 1-2 所示的创建账户页面中，单击“Administrator 管理员”账户，进入此账户，如图 1-3 所示，可以对此账户进行名称、图片更改，还可以创建/删除密码、设置家长控

制等。

图 1-2　创建账户页面

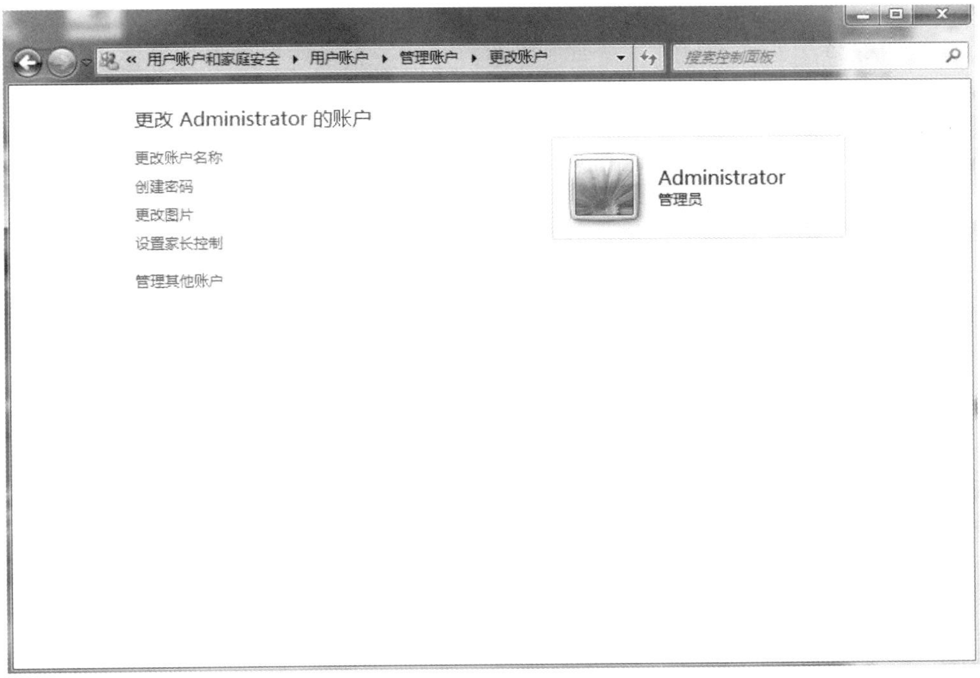

图 1-3　更改账户页面

③ 在图 1-2 中单击“创建一个新账户”选项，打开如图 1-4 所示创建新账户页面。输入“新账户名”，选择“标准用户”或者“管理员”类型，创建新账户。

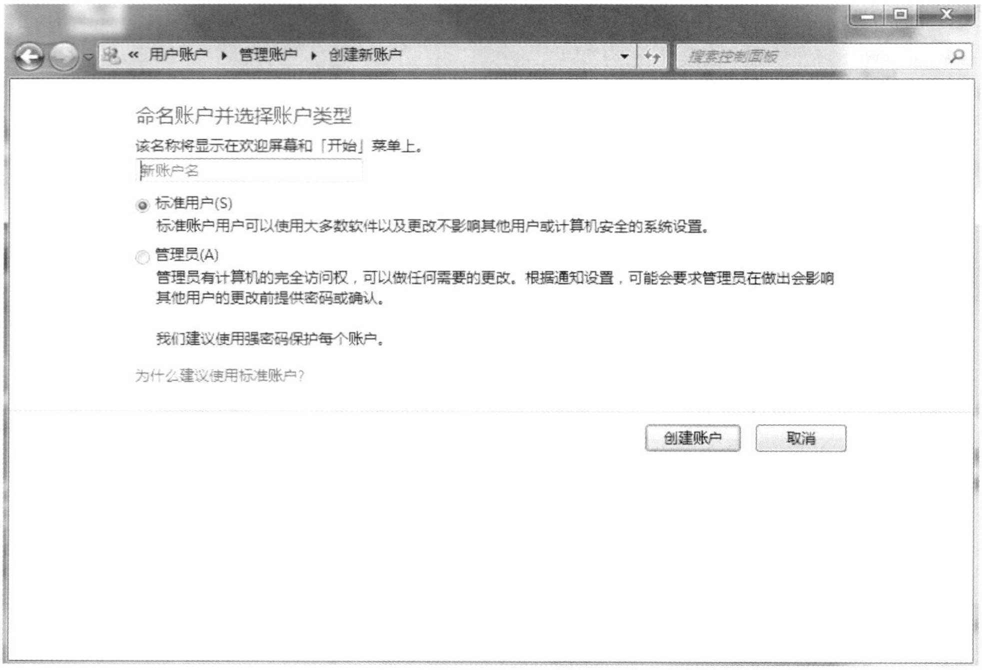

图 1-4　创建新账户页面

④ 新账户创建成功后，开机时需要选择账户才能进入系统。若设置了密码，开机时还要输入密码，否则不能进入系统，这为系统安全提供了保障。

2．注销和切换用户

① Windows 7 是一个多用户操作系统，每个用户都拥有自己设置的工作环境。当其他用户需要使用该计算机时，不必重新启动计算机，只需采用“注销”或“切换用户”方式重新登录或切换，即可实现快速登录。

② 在注销时，Windows 7 系统将先关闭尚未关闭的所有应用程序和文件。如果这些文件还没有保存，Windows 7 系统会提醒保存它们。

3．关闭计算机

单击“开始”→“关机”命令，系统保存更改过的所有 Windows 7 设置，将当前内存中的全部数据写入硬盘中，然后自动关闭 Windows 7 系统，并关闭计算机电源。

技能与知识点解析

1．操作系统的种类

操作系统的种类相当多，各种设备安装的操作系统从简单到复杂可分为智能卡操作系统、实时操作系统、传感器节点操作系统、嵌入式操作系统、个人计算机操作系统、多处理器操作系统、网络操作系统和大型机操作系统。按应用领域划分可分为桌面操作系统、服务器操作系统和嵌入式操作系统。

1）桌面操作系统

桌面操作系统主要用于个人计算机。个人计算机市场从硬件架构上来说主要分为两大阵营，即 PC 与 Mac 机；从软件上也分为两大类，即类 UNIX 操作系统和 Windows 操作系统。

◆ UNIX 和类 UNIX 操作系统：Mac OS X，Linux 发行版（如 Debian，Ubuntu，Linux Mint，openSUSE，Fedora 等）。

◆ 微软公司的 Windows 操作系统：Windows XP，Windows Vista，Windows 7，Windows 8，Windows NT，Windows 10 等。

2）服务器操作系统

服务器操作系统一般指的是安装在大型计算机上的操作系统，如 Web 服务器、应用服务器和数据库服务器等。服务器操作系统主要集中在三大类：

◆ UNIX 系列：SUN Solaris，IBM-AIX，HP-UX，FreeBSD 等；

◆ Linux 系列：Red Hat Linux，CentOS，Debian，Ubuntu 等；

◆ Windows 系列：Windows Server 2003，Windows Server 2008，Windows Server 2008 R2，Windows Server 2012，Windows Server 2016 等。

3）嵌入式操作系统

嵌入式操作系统是应用在嵌入式系统的操作系统。嵌入式系统广泛应用在生活的各个方面，涵盖范围从便携设备到大型固定设施，如数码相机、手机、平板电脑、家用电器、医疗设备、交通灯、航空电子设备和工厂控制设备等，越来越多的嵌入式系统安装有实时操作系统。

在嵌入式领域常用的操作系统有嵌入式 Linux、Windows Embedded、VxWorks 等，以及广泛使用在智能手机或平板电脑等电子产品中的操作系统，如 Android、iOS、Symbian、Windows Phone 和 BlackBerry OS 等。

2. Windows 7 系统概述

① Windows 7 家庭普通版：针对使用经济型计算机用户的入门版本，用于访问互联网并运行基本的办公软件。

② Windows 7 家庭高级版：针对个人用户的主流版本，提供了基于最新硬件设备的全部功能，易于联网，并提供丰富的视觉体验环境。

③ Windows 7 专业版：适合小型企业及家庭办公的商业用户使用。面向拥有多台计算机或服务器的企业用户，它所包含的功能特性可以满足企业高级联网、备份和安全等需求。

④ Windows 7 旗舰版：针对大中型企业和电脑爱好者的最佳版本，功能最全，在专业版基础上新增了 Bitlocker 功能。

3. 高级启动模式

在打开计算机并在 Windows 7 启动之前按 F8 键，可以启动 Windows 7 “高级引导选项”屏幕，以高级启动模式启动 Windows 7。

① 安全模式：以限定状态启动 Windows 7 的模式，仅运行 Windows 7 所必需的基本文件和驱动程序。以安全模式启动时，显示器的各角将显示“安全模式”字样。如果计算机不能以正常方式启动，而可以通过安全模式启动，则可以确定默认设置和基本设备驱动程序排除在可能的故障原因之外。

② 网络安全模式：以安全模式启动 Windows 7 系统时同时启动系统的网络功能。

③ 带命令提示符的安全模式：可以进入命令行界面而非一般的 Windows 图形界面，此选项适用于专业人士和管理员调试计算机排除操作系统故障时使用。

④ 最后一次的正确配置（高级）：即使用最近可正常工作的系统设置启动 Windows 7。每次关

闭计算机并且 Windows 7 正常关机时，重要的系统设置会保存在注册表中。如果出现问题，可以使用这些设置重新启动计算机。例如，如果视频卡的新驱动程序引起问题，或者不正确的注册表设置阻止 Windows 正确启动，则可以使用“最后一次的正确配置”重新启动计算机。

⑤ 正常启动 Windows：仍按正常的状态启动 Windows 7 系统。

4．关机的不同模式

如果要选用其他方式关闭计算机，可以在打开的“开始”菜单中单击“关机”按钮旁边的按钮，出现“关机”子菜单。

① 切换用户：如果计算机上有多个用户账户，通过“关机”菜单中的“切换用户”菜单项可以在不关闭当前用户的程序和文件的情况下切换到另一用户账户。

② 注销：注销后，所有当前用户界面正在使用的程序都会关闭，但计算机不会关闭，其他用户可以登录而无需重新启动计算机。此外，也无需担心因其他用户关闭计算机而丢失自己的信息。

③ 锁定：锁定计算机后，不会关闭当前用户界面正在使用的所有程序，Windows 7 界面将返回至登录界面，只有重新输入锁定前的用户密码或使用管理员用户账户登录才能解除锁定继续使用计算机。

④ 重新启动：重新启动计算机，可以关闭当前所有程序和 Windows 7 操作系统，然后自动重新启动计算机并进入 Windows 7 操作系统。

⑤ 睡眠和休眠：“睡眠”是一种节能状态，当按下“睡眠”菜单项后，计算机会立即停止当前操作，将当前运行程序的状态保存在内存中并消耗少量的电量。只要不断电，当再次按下计算机开关时，计算机可以快速恢复“睡眠”前的工作状态。“休眠”则将打开的文档和程序保存到硬盘中，然后关闭计算机。休眠状态不再需要供电，当再次按下计算机开关时，计算机从硬盘中恢复到“休眠”前的工作状态。

除了“睡眠”和“休眠”外，在台式机中还可以使用“混合睡眠”方式。“混合睡眠”方式是睡眠和休眠的组合，它将所有打开的文档和程序保存到内存和硬盘中，然后让计算机进入低耗能状态，以便可以快速恢复工作。如果发生电源故障，Windows 7 可从硬盘中恢复工作。如果打开了“混合睡眠”方式，计算机在进入“睡眠”状态的同时，也自动进入了“混合睡眠”状态。在台式计算机上，“混合睡眠”通常默认为打开状态。

探究与实践

练习 1：设置用户账户和密码，并创建一个新的用户账户。

练习 2：给操作系统中所有的账户设置家长控制。

1.2 认识桌面

知识要点

桌面（Desktop），是计算机用语。桌面是打开计算机并登录到 Windows 之后看到的主屏幕区域。就像实际的桌面一样，它是用户工作的平面。打开程序或文件夹时，它们便会出现在桌面上。还可以将一些项目（如文件和文件夹）放在桌面上，并且随意排列它们。Windows 7 的桌面由屏幕背景、图标、开始菜单和任务栏等组成，Windows 7 的所有操作都可以从桌面开始。

实战任务

任务　更改桌面外观主题，自定义桌面背景，自定义窗口边框颜色，更改桌面图标

任务描述：

在 Windows 7 桌面中可以进行很多个性化的设置，如更改桌面主题、背景、桌面图标、窗口边框颜色等，来试试看吧。

任务要点：

（1）更改桌面外观主题；

（2）自定义桌面背景；

（3）自定义窗口边框颜色；

（4）更改桌面图标。

任务实施：

1．更改桌面外观主题

在桌面上单击鼠标右键，在弹出的快捷菜单中选择“个性化”选项，打开如图 1-5 所示更改主频窗口。单击某个主题则立即更改桌面背景、窗口颜色、声音和屏幕保护程序。

图 1-5　更改主题窗口

2．自定义桌面背景

在图 1-5 中，单击“桌面背景”选项，进入“选择桌面背景”窗口，如图 1-6 所示。在系

统内置的图片中选择一幅或多幅图片，如果对这些图片都不满意，可以插入自己下载或保存的图片，充分实现个性化背景设置。

图 1-6 “选择桌面背景”窗口

3．自定义窗口边框颜色

在图 1-5 中，单击“窗口颜色”选项，进入“更改窗口边框、「开始」菜单和任务栏的颜色”窗口，如图 1-7 所示。

图 1-7 “更改窗口边框、「开始」菜单和任务栏的颜色”窗口

4. 更改桌面图标

在图 1-5 中，单击“更改桌面图标”选项，打开如图 1-8 所示“桌面图标设置”窗口，在这里可以添加或删除桌面显示的图标，还可以对已有图标进行更改。

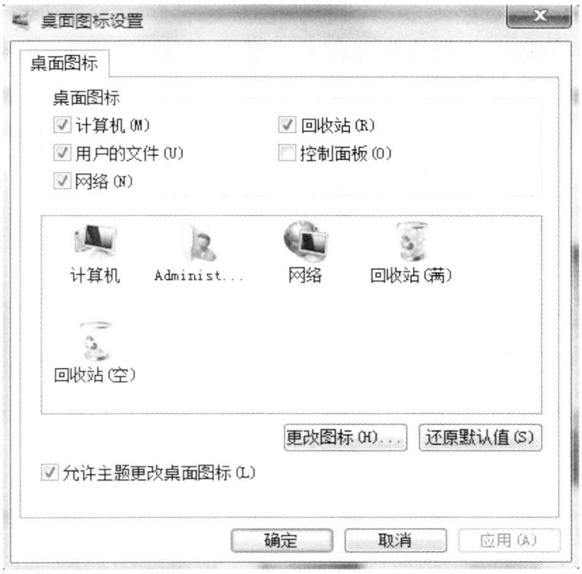

图 1-8　“桌面图标设置”窗口

技能与知识点解析

1. 快捷方式

用户也可以为自己常用的程序在桌面上建立一个图标，通过双击这个图标来运行程序，这种运行程序的方式叫作快捷方式。

① 在屏幕空白处单击鼠标右键，在弹出的快捷菜单中选取“新建”命令，再单击“快捷方式”选项。

② 在对话框中输入快捷方式对应的程序名或单击“浏览”按钮选取一个程序，单击“下一步”和“完成”按钮，就在桌面上创建了一个快捷方式。

③ 可以用鼠标左键按住这个图标，用拖曳的方法把它放置到屏幕的任意地方。

2. 图标的功能

① 计算机——可以浏览计算机磁盘的内容、进行文件的管理工作、更改计算机软/硬件设置和管理打印机等。

② 网络——如果计算机连接到网络上，桌面上就会有一个“网上邻居”或“网络”的图标，通过它可以访问网络上的其他计算机，共享其他计算机的资源。

③ 回收站——要删除文件或其他对象时，可以用鼠标把它们拖到“回收站”里。被删除的文件或其他的对象会暂时存放在这里，可以恢复它们或用“清空回收站”命令把它们彻底删除。

④ Administrator（我的文档）——显示个人文件夹。

⑤ 控制面板——完成系统的设置和控制功能。

⑥ Internet Explorer——网页浏览器。

探究与实践

练习 1：将个人保存图片定义为桌面背景，并更改窗口边框颜色。
练习 2：将 Word 软件在桌面建立一个快捷方式。

1.3 任务栏和开始菜单

知识要点

桌面最下方的长条是任务栏，任务栏中显示正在运行的程序（Windows 7 系统还可以显示固定的程序）。在任务栏解锁的情况下，用鼠标左键按住任务栏，可以把它拖到屏幕的四边；任务栏的大小也可以改变，把鼠标光标移到任务栏的边界，会看到光标变成一个双向箭头，这时按下鼠标左键拖动，就可以改变任务栏的大小了。任务栏的最右边是一个数字时钟，显示当前时间。左边是后台程序的图标，单击图标可以激活后台程序。如果计算机装有声卡，这里还会有一个小喇叭，它是音量控制图标，用鼠标单击它可以调节播放声音的音量。在其左边会有一个语言指示器，通过它可以选择和切换输入法。任务栏的最左边是开始按钮，用户每次使用计算机，都可以从这里开始自己的工作。

实战任务

任务　认识任务栏常用基本功能，利用快速跳转列表查看曾经使用的文件、网页和程序等；在工作或是娱乐时，进行一项操作就返回桌面。熟悉开始菜单的常用功能，快速搜索程序；快速跳转菜单。

任务描述：

在进入 Windows 7 操作系统以后，利用任务栏和开始菜单进行快速跳转菜单、一键返回桌面、快速搜索程序等。

任务要点：

（1）在任务栏中管理、切换和执行各类应用；
（2）快速跳转菜单；
（3）返回桌面；
（4）宽幅菜单；
（5）搜索框。

任务实施：

1．在任务栏中管理、切换和执行各类应用

所有正在使用的文件或程序在任务栏中都以缩略图来表示，如果将鼠标悬停在缩略图上，则窗口将展开为预览状态，如图 1-9 所示，可以直接从缩略图关闭窗口。

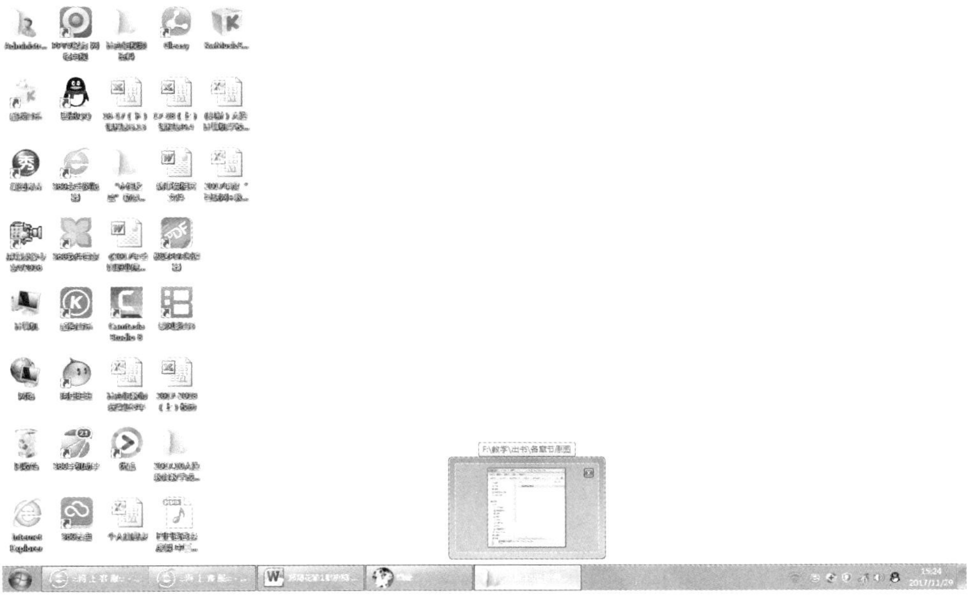

图 1-9　鼠标悬停在任务栏缩略图上窗口展开为预览状态

2．快速跳转菜单

任务栏上的快速跳转菜单（Jumplist），有程序的历史记录功能，便于查看曾经使用的文件、网页和程序等。在任务栏上用鼠标右键单击某个程序图标时，可以看到该程序弹出的菜单，如图 1-10 所示。Windows 7 系统除了在任务栏中提供快速跳转菜单之外，在开始菜单中也增加了此功能。在开始菜单中，将鼠标移动到某个程序后，其右侧马上显示出使用该程序最近打开的内容，包括浏览器、Word、Excel、影音播放器等都支持此功能，如图 1-11 所示。

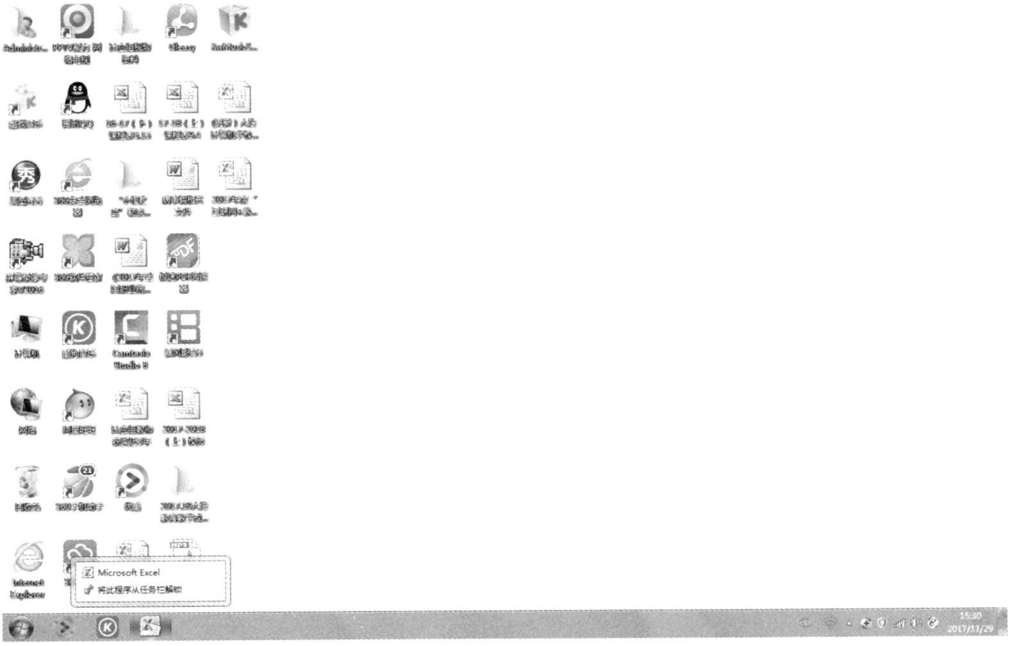

图 1-10　任务栏图标上单击鼠标右键显示历史菜单

图 1-11　开始菜单中的快速跳转菜单

3. 返回桌面

无论是工作还是娱乐，经常需要进行的一项操作就是返回桌面，Windows 7 在任务栏的最右侧，靠近日期边上有一块矩形区域为“显示桌面”按钮。当鼠标移过这块区域时，所有打开窗口都将变得透明，只剩一个框架。单击一次，桌面上所有运行的窗口全部消失，再单击一次，又将全部出现，如图 1-12 所示。

图 1-12　任务栏中的“显示桌面”按钮

4. 任务栏通知区域

通知区域位于任务栏的最右侧，包括一个时钟和一组图标。它的外观如图 1-12 所示。将指针移向特定图标时，会看到该图标的名称或某个设置的状态。主要图标有：

① 语言栏图标——可用于输入法的切换和设置，提供与语言栏操作和设置相关的帮助信息。

② 显示隐藏的图标。

③ 显示系统问题信息图标。

④ 显示电源状态图标。

⑤ 网络状态图标（无线网络）、（有线网络）。

⑥ 音量状态图标。

⑦ 时钟图标 10:38 2017/8/2。

5. 宽幅菜单

Windows 7 采用的是宽幅开始菜单，与 Windows 传统样式开始菜单相比，这种菜单的优势在于自身的并列结构能够显示大图标外观，同时显示常用程序列表和 Windows 内置功能区域。常用程序列表能够显示使用频率较高的应用程序，无需转到“所有程序”列表即可快速打开常用项目。菜单会根据每个程序的使用频率进行排序，使用频率较高的程序会被置于顶端，如果希望某个程序不受自动排序的控制而始终显示在列表中，可以用鼠标右键单击程序，选择“附到「开始」菜单”选项，如图 1-13 所示。

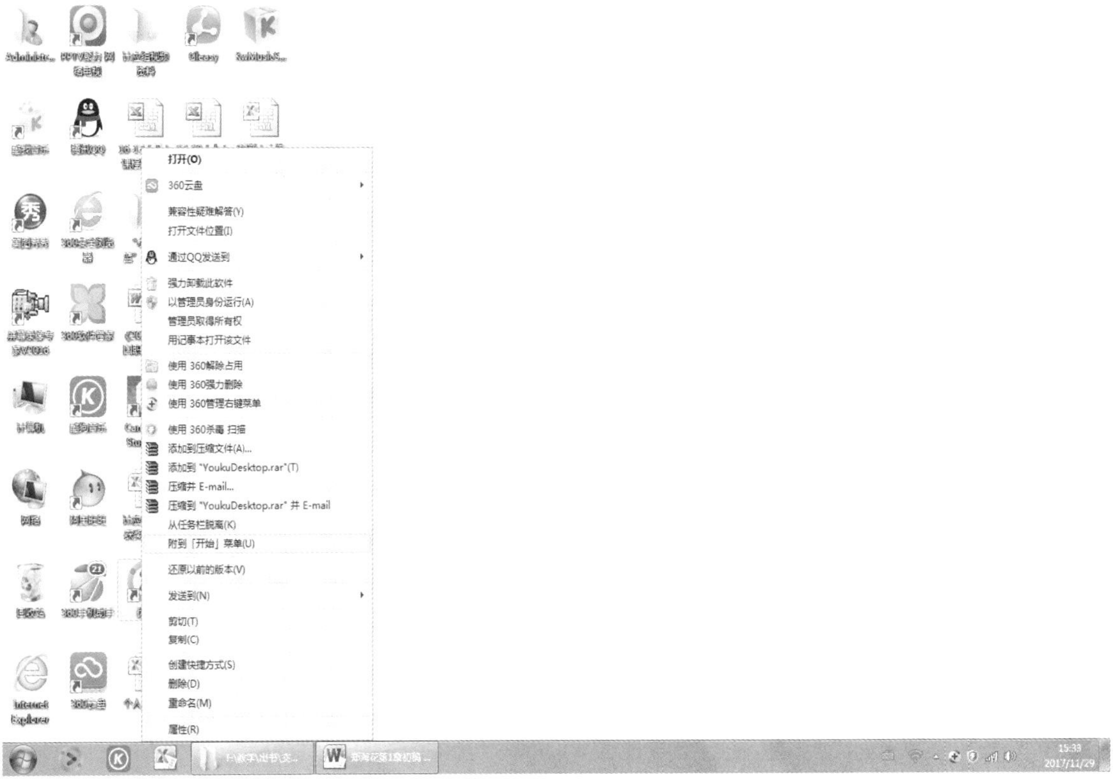

图 1-13　将某个程序附到开始菜单

6．搜索框

搜索框在开始菜单的左下角，如果知道程序名称的关键字，通过搜索框可以让程序的使用变得更加简单，无需在程序列表中层层检索。例如，输入“QQ”，即可找到 QQ 程序。搜索结果是动态筛选，当输入包含搜索程序名称的第一个关键字时，筛选会立刻开始，输入越准确，搜索结果也就越精确。

技能与知识点解析

“开始菜单”提供的基本功能

（1）启动程序。

“开始”菜单最常见的一个用途是打开计算机上安装的程序。若要打开“开始”菜单程序列表中显示的程序，单击即可，打开该程序，并且“开始”菜单随之关闭。

如果看不到所需的程序，可单击左边窗格底部的“所有程序”。左边窗格会立即按字母顺序显示程序的长列表，后跟一个文件夹列表。例如，单击“附件”就会显示存储在该文件夹中的程序列表。单击某一程序可将其打开。若要返回刚打开“开始”菜单时看到的程序，可单击菜单底部的“后退”按钮。

如果不清楚某个程序是做什么用的，可将光标移动到其图标或名称上，会出现一个框，该框通常包含了对程序的描述。例如，指向“计算器”时会显示这样的消息：“使用屏幕‘计算器’执行基本的算术任务。”此操作也适用于“开始”菜单右边窗格中的项。

随着时间的推移，“开始”菜单中的程序列表也会发生变化。出现这种情况有两种原因：首先，安装新程序时，新程序会添加到“所有程序”列表中；其次，“开始”菜单会检测最常用的程序，并将其置于左边窗格中以便快速访问。

（2）打开常用的文件夹。

使用开始菜单可以打开“文档、图片、音乐”和“计算机”等文件资源窗口，以便快速地管理和使用文件。

（3）搜索文件、文件夹和程序。

搜索框可以在计算机中快速地查找项目。搜索框将逐个搜索程序及个人文件夹（包括“文档”“图片”“音乐”“桌面”，以及其他常见位置）中的所有文件夹，因此是否提供项目的确切位置并不重要。它还将搜索电子邮件、已保存的即时消息、约会和联系人。除可搜索程序、文件和文件夹及通信信息之外，搜索框还可搜索 Internet 收藏夹和访问的网站的历史记录。

（4）调整计算机设置。

单击“开始”菜单上的“控制面板”菜单项，可以自定义计算机的外观和功能、安装或卸载程序，设置网络连接和管理用户账户。单击“开始”菜单上的“设备和打印机”菜单项，可以查看有关打印机、鼠标和计算机上安装的其他设备的信息。单击“开始”菜单上的“默认程序”菜单项，可以指定用什么程序来打开某种类型的文件。

（5）获取有关 Windows 7 操作系统的帮助信息。

提示

学会使用帮助是掌握计算机操作技能的一个重要途径。可以打开“开始”菜单的“帮助和支持”功能，迅速找到使用 Windows 7 的操作方法，还可以借助“帮助和支持”平台，在网上搜索应用的技巧。

当遇到不会的问题时，先到“帮助和支持”中找找答案吧。

（6）关闭计算机，注销 Windows 或切换到其他用户账户。

如果单击“关机”按钮旁边的箭头，可显示一个带有其他选项的菜单，用来切换用户、注销、重新启动或关闭计算机。

探究与实践

练习 1：在任务栏中利用跳转菜单选择最近打开的文件。

练习 2：在“开始”菜单中利用跳转菜单选择最近打开过的网页。

练习 3：将桌面 Word 文件附到“开始”菜单中。

1.4 控制面板

知识要点

通过开始菜单可访问控制面板。它允许用户查看并操作基本的系统设置和控制，如添加硬件、添加/删除软件、控制用户账户、更改辅助功能选项等。

实战任务

任务　掌握控制面板的打开方式，控制面板的查看方式；利用搜索快速查找控制面板应用；用地址栏导航快速查找控制面板功能。

任务描述:

掌握打开控制面板、查看方式，以及快速查找控制面板应用和功能的操作。

任务要点:

（1）打开控制面板；

（2）掌握控制面板的查看方式；

（3）巧用搜索快速查找控制面板应用；

（4）用地址栏导航快速查找控制面板功能。

任务实施:

1. 打开“控制面板”

单击“开始”按钮，选择“控制面板”选项，单击打开“控制面板”窗口，如图 1-14 所示。

图 1-14　“控制面板”窗口

2.“控制面板”的查看方式

单击“控制面板”右上角查看方式旁边向下的箭头，显示查看方式菜单，从中可以选择“大图标”“小图标”等方式查看。以大小图标查看时，可以显示所有“控制面板”选项，从中很轻松找到需要的使用功能。如图 1-15 所示，为大图标查看方式；如图 1-16 所示，为小图标查看方式。

3. 巧用搜索快速查找“控制面板”应用

Windows 7 系统的搜索功能非常强劲，“控制面板”中也提供了好用的搜索功能，只要在

“控制面板”右上角的搜索框中输入关键词，按回车键后即可看到“控制面板”功能中相应的搜索结果，这些功能按照类别显示，一目了然，极大地方便了用户快速查找功能选项，如图 1-17 所示。

图 1-15 “控制面板”大图标查看方式

图 1-16 “控制面板”小图标查看方式

4．用地址栏导航快速查找“控制面板”功能

还可以充分利用 Windows 7 控制面板中的地址栏导航，快速切换到相应的分类选项或者指定需要打开的程序。单击地址栏每类选项右侧向右的箭头，即可显示该类别下所有程序列表，从中单击需要的程序即可快速打开相应程序，如图 1-18 所示。

图 1-17　利用搜索功能查找功能选项

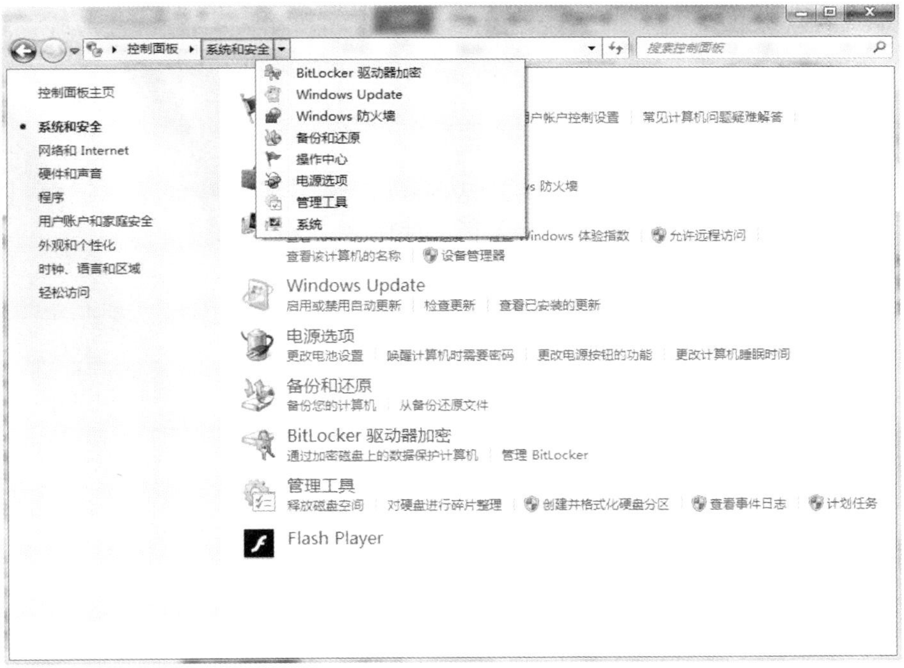

图 1-18　控制面板的地址栏导航查找功能

技能与知识点解析

1. 面板类别

（1）辅助功能。

允许用户配置个人计算机的辅助功能，它包含多种主要针对有残疾的用户或者有计算机硬件问题的设置。

① 可修改键盘行为。此项针对同时按下两个按键有困难的用户，每次只需按一个按键。

② 可修改声音行为。

③ 可激活高对比度模式。

④ 可自定义键盘光标。此项可以修改在文本输入模式下光标的闪烁速度与其宽度。

⑤ 可通过数字键盘控制鼠标指针。

（2）添加硬件。

启动一个可使用户添加新硬件设备到系统的向导。这可通过从一个硬件列表中选择，或者指定设备驱动程序的安装文件位置来完成。

（3）卸载程序。

允许用户从系统中添加或删除程序。“添加/删除程序”对话框也会显示程序被使用的频率，以及程序占用的磁盘空间。

（4）管理工具。

包含为系统管理员提供的多种工具，包括安全、性能和服务配置。

（5）日期和时间。

允许用户更改存储于计算机 BIOS 中的日期和时间，更改时区，并通过 Internet 时间服务器同步日期和时间。

（6）个性化。

加载允许用户改变计算机显示设置如桌面壁纸、屏幕保护程序、显示分辨率等的显示属性窗口。

（7）文件夹选项。

这个项目允许用户配置文件夹和文件在 Windows 资源管理器中的显示方式。它也被用来修改 Windows 中文件类型的关联，这表示使用何种程序打开何种类型的文件。

（8）字体。

显示所有安装到计算机中的字体。用户可以删除字体、安装新字体或者使用字体特征搜索字体。

（9）游戏控制器。

允许用户查看并编辑连接到个人计算机上的游戏控制器。

（10）Internet 选项。

允许用户更改 Internet 安全设置，Internet 隐私设置，HTML 显示选项和多种诸如主页、插件等的网络浏览器选项。

（11）键盘。

让用户更改并测试键盘设置，包括光标闪烁速率和按键重复速率。

（12）邮件。

允许用户配置 Windows 中的电子邮件客户端，通常为 Microsoft Outlook。Microsoft Outlook Express 无法通过此项目配置，它只能通过自身的界面配置。

（13）网络连接。

显示并允许用户修改或添加网络连接，诸如本地网络（LAN）和因特网（Internet）连接。它也为计算机需要重新连接网络时提供了疑难解答功能。

（14）通讯选项。

管理电话和调制解调器连接。

（15）电源选项。

包括管理能源消耗的选项，来决定当按下计算机的开/关按钮时的计算机的动作，或不激活休眠模式。

（16）安装设备。

显示所有安装到计算机上的打印机和传真设备，并允许它们被配置或移除，或添加新的。

（17）区域选项。

可改变多种区域设置，例如，数字显示的方式（如十进制分隔符）、默认的货币符号、时间和日期符号、用户计算机的位置、是否必须安装亚洲语言所必需的文件、已被安装的代码页。

（18）视频设备。

显示所有连接到计算机的扫描仪和相机，并允许它们被配置、移除，或添加新设备。

（19）音频设备。

有多种与声音相关的功能，例如，更改声卡设置、更改系统声音，或者在特定事件发生时播放的特效声音、更改针对不同目的（回放、录音等）的默认设备、显示安装在计算机上的音频设备，并允许它们被用户配置。

（20）语音。

更改文本到语音（Text To Speech，TTS）支持的设置。

（21）系统。

查看并更改基本的系统设置。例如，一个用户可以显示用户计算机的常规信息，编辑位于工作组中的计算机名，管理并配置硬件设备，启用自动更新、任务栏和“开始”菜单，更改任务栏的行为和外观。

（22）用户账户。

允许用户控制与使用系统中的用户账户。如果用户拥有必要的权限，还可提供给另一个用户（管理员）权限或撤回权限，以及添加、移除或配置用户账户等。

2. 常用鼠标操作方法与含义

① 指向：移动光标，将光标符号移动到屏幕的一个对象上，如文件名、项目条或图标等。

② 单击：移动光标至屏幕的一个对象上，在其位置上按下鼠标左键并快速放开。一般用于选择一个对象或单击按钮操作。

③ 双击：移动光标至屏幕的一个对象上，并在其位置上快速连续单击鼠标左键两次。一般用于在屏幕上启动图标对应的窗口或程序。

④ 右击：移动光标至屏幕的一个对象上，在其位置上按下鼠标右键并快速放开。一般用于弹出一个快捷菜单（也称右键菜单）。

⑤ 拖动：移动光标至屏幕的一个对象上，按下鼠标左键不放，移动光标至新的位置后松开鼠标左键。拖动可以选择、移动或复制对象，也可以缩放一个窗口。

⑥ 滚动：转动鼠标中间滚轮，移动操作对象的上下位置。

3. Windows 7 的键盘操作

在 Windows 7 中，除了可以使用鼠标进行操作外，还可以使用键盘进行操作。键盘的作用除了可以输入字符外，还可以通过一些功能键的组合（快捷键）对 Win 7 进行特殊的操作。图 1-19 显示了 Windows 7 中主要的功能键。

图 1-19　Windows 7 中主要功能键示意图

4．Windows 7 的多点触控操作

在 Windows 7 中引入了多点触控技术，用户可以在装备了多点触控功能的屏幕上用手指来操作计算机。例如，双击变成了在屏幕上点两下；在浏览网页时，可在屏幕上上下移动手指来滚动浏览网页，就好像在桌上轻推报纸一样；在查看照片时，可以通过在屏幕上分开两根手指来放大照片，或以某一根手指为支点旋转另一根手指来旋转照片；甚至可以在“画图”工具中用手指来画图。

探究与实践

练习 1：打开控制面板，分别以大图标和小图标方式来显示。
练习 2：在控制面板中，利用搜索功能查看“打印机”的功能选项。
练习 3：在控制面板中，利用地址导航栏搜索更改字体。

1.5　技能与知识巩固

1.5.1　技能演练

1．改变屏幕保护为“三维文字”，显示的文字为“欢迎来到浙江财经大学”，旋转类型为“滚动”，等待时间为“2 分钟”，“在恢复时显示登录界面”。

2．设置桌面背景为“自然”系列 6 张图片，图片位置为“居中”，更改图片时间间隔为“15 分钟”。

3．设置窗口颜色（窗口边框、“开始”菜单和任务栏的颜色）为“黄昏”，启用半透明效果。

4．设置 Windows 声音方案为“书法”。

5．设定 Windows 系统的数字格式为：小数点为“.”，小数位数为“2”，数字分组符为“,”，组中数字的个数为“3”，列表项分隔符为“,”，负号为“-”，负数格式为“1.1-”，度量单位用“美制”，显示起始的零为“0.7”。

6．设定 Windows 系统的时间样式为“tt hh:mm:ss”，上午符号为“AM”，下午符号为“PM”。

7．将 Windows 系统日期格式设为：短日期为“yy-MM-dd”；长日期为“yyyy'年'M'月'd'日'”。

8．设置 Windows 货币符号为“$”，货币正数格式为“￥1.1”，货币负数格式为“￥1.1-”，小数位数为 2 位，数字分组符号为“;”，数字分组为每组 3 个数字。

9．设置语言栏“停靠于任务栏”，“在非活动时，以透明状态显示语言栏”。设置切换到“微软拼音输入法”的快捷键为“Ctrl+Shift+1”。

10．在 Windows7 中同时打开多个应用程序窗口，并排显示这些窗口。

1.5.2　知识强化

一、填空题

1．在打开计算机并在 Windows 7 启动之前按_____键，可以启动 Windows 7“高级引导选项”屏幕。

2．窗口右上角的按钮作用是__________，按钮的作用是________，按钮作用是__________，按钮作用是___________。

3．一般单击鼠标右键打开的菜单称为___________。

二、选择题

1．以下关于 Windows 7 安装最小需求的描述，不正确的是（　　）。

A．1G 或更快的 32 位（X86）或 64 位（X64）处理器

B．16G（32 位）或 20G（64 位）可用磁盘空间

C．4G（32 位）或 2G（64 位）内存

D．带 WDDM 1.0 或更高版本的 DirectX 9 图形处理器

2. 通过 Windows 7 操作系统开始菜单中的关机按钮和扩展菜单，无法实现以下哪个功能？（　　）

A．关机　　B．重新启动　　C．休眠　　D．更改当前用户密码

3．关于操作系统的主要功能，以下描述正确的是（　　）。

A．运算器管理、存储管理、设备管理、处理器管理、文件管理

B．文件管理、设备管理、系统管理、存储管理、作业管理

C．文件管理、处理器管理、设备管理、存储管理、作业管理

D．管理器管理、设备管理、程序管理、存储管理、文件管理

4．在 Windows 7 操作系统中，下列操作中与剪贴板无关的是（　　）。

A．剪切　　B．复制　　C．粘贴　　D．删除

5．Windows 7 操作系统，属于以下哪个类型的操作系统？（　　）

A．多用户多任务　　B．单用户单任务

C．多用户单任务　　D．单用户多任务

6．以下哪种卷类型在 Windows 7 中不能使用？（　　）

A．FAT　　B．FAT32　　C．NTFS　　D．EXT2

7. 在 Windows 7 操作系统中以下哪项选项可以控制儿童在某一时间段使用计算机（　　）。

A．设置定时开关机　　B．使用家长控制功能

C．通过用户账户的类型控制　　D．设置用户开机口令

8．在 Windows 7 操作系统中，能弹出对话框的操作是（　　）。

A．选择了带省略号的菜单项　　B．选择了带向右三角形箭头的菜单项

C．选择了颜色变灰的菜单项　　D．运行了与对话框对应的应用程序

9．电子邮件是 Internet 应用最广泛的服务项目，它所采用的传输协议通常是（　　）。

A．SMTP　　B．TCP/IP　　C．IPX/SPX　　D．CSMA/CD

10．在 Windows 7 操作系统中，计算机等待启动屏幕保护程序的最短时间为（　　）。

A．30 秒　　B．60 秒　　C．90 秒　　D．120 秒

三、简答题

鼠标的主要操作有哪些？

第 2 章

文件及文件管理

计算机中的各种数据都以文件的形式存储，计算机所进行的各种操作都要依靠各类文件，如文档、图像、声音、视频、网页、程序等都以文件形式存放在磁盘中。在平常工作中产生大量的文件，如果文件被杂乱无章地放置，将直接影响工作效率。如果所有文件文档有序排列，则我们的工作效率、准确度都会提升不少，心情也很舒畅。现在就利用文件夹、库和资源管理器整理我们的文件吧！

学习要点

- 资源管理器窗口组成和使用
- 文件和文件夹操作
- 认识和使用库
- 磁盘管理和磁盘优化操作

2.1 资源管理器

知识要点

Windows 系统提供的资源管理工具，可以用它查看一台计算机的所有资源。特别是它提供的树形文件系统结构，使我们能更清楚、更直观地认识系统中的文件和文件夹。

掌握 Windows 7 资源管理器的启动方法及界面组成；利用资源管理器组织文件和文件夹。

实战任务

任务　打开资源管理器，改变预览窗格中对象的排列方式为“详细信息”，详细信息显示文件大小、类型、创建日期及文件夹路径。

任务描述：

在本任务中，打开资源管理器，认识资源管理器窗口的组成，了解预览窗格中对象的排列方式，文件显示详细信息的不同项目的设置。

任务要点：

（1）打开资源管理器；

（2）设置预览窗格中对象的排列方式为“详细信息”；

（3）选择显示详细信息的不同项目。

任务实施：

① 单击“开始→所有程序→附件→Windows 资源管理器”命令，即可打开资源管理器，如图 2-1 所示；资源管理器窗口由地址栏、搜索栏、菜单栏、选项卡、导航窗格、预览窗格和细节窗格等组成，如图 2-2 所示的是在资源管理器中展开“库\图片\示例图片”文件夹的显示。

图 2-1 资源管理器窗口

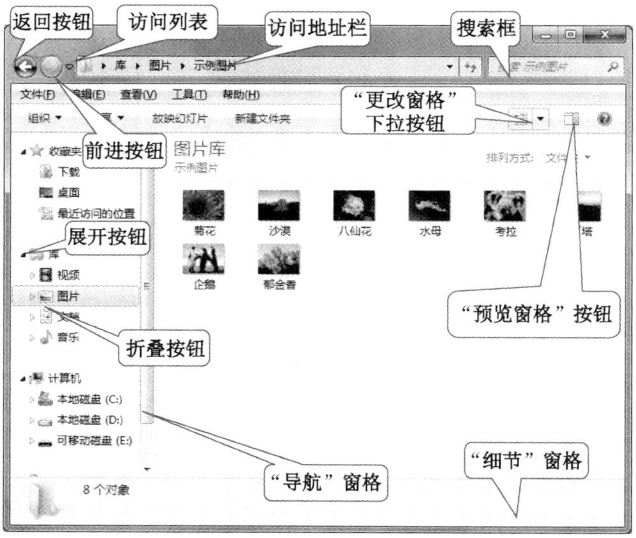

图 2-2 资源管理器窗口组成

② 单击工具栏中的“更改视图”下拉按钮，在弹出的下拉菜单中选择“详细信息”，如图 2-3 所示。在 Windows 7 的资源管理器中，用户可以选择 7 种不同的视图模式查看文件和文件夹。表 2-1 列出了不同需求下适合的浏览方式。

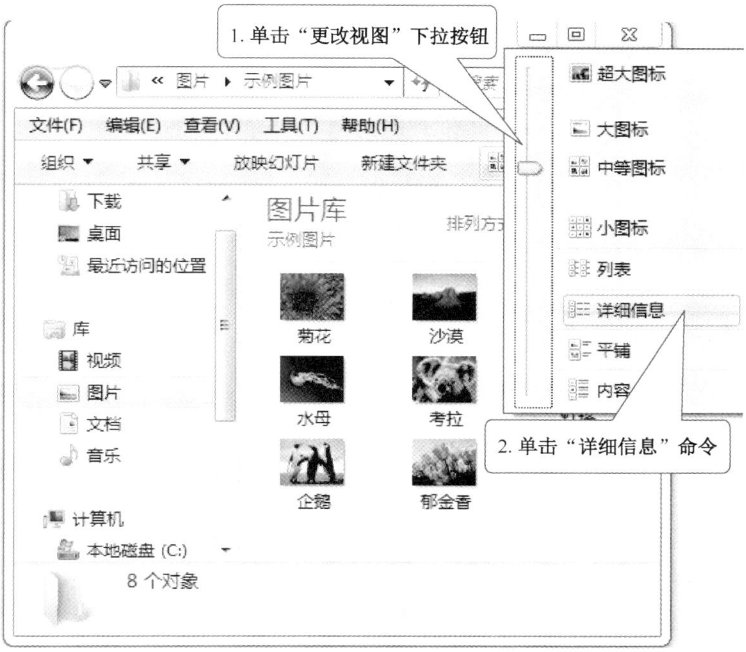

图 2-3　“详细信息”显示文件和文件夹

表 2-1　资源管理器的视图方式

查看方式	应用情境
超大图标、大图标、中等图标	查看的文件主要是图片文件或视频文件
详细信息	显示文件的容量大小、类型、修改日期等信息
列表	文件数量很多，想在一个窗口中显示更多文件
平铺	想以图标显示文件和文件夹，且能看到文件夹的分类信息
小图标	只想以小图标方式显示文件和文件夹
内容	查看图片，并想知道文件容量大小、类型、修改日期等信息

③ 右击“名称”单元格空白处，在下拉菜单中分别选择“大小”“类型”“创建日期”“文件夹路径”，如图 2-4 所示。

技能与知识点解析

打开资源管理器的方法很多，也很灵活。除了上面介绍的方法外，还可以：

① 单击“开始→计算机”；

② 单击“开始→文档/图片/音乐”；

③ 双击桌面上的“回收站”等。

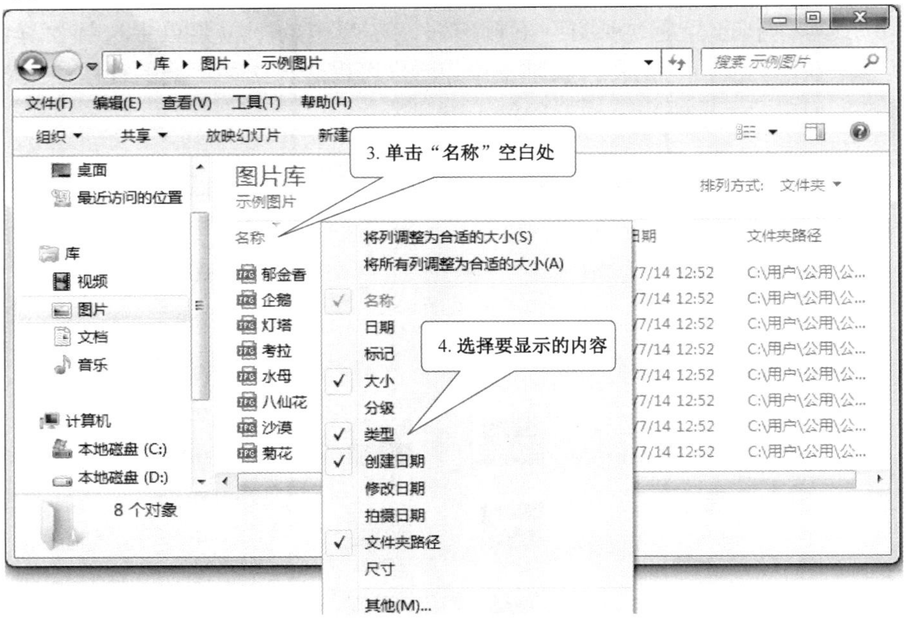

图 2-4 设置文件详细信息中显示的内容

探究与实践

练习：试用至少三种不同方法打开资源管理器，比较不同之处。

2.2 文件和文件夹操作

知识要点

（1）新建文件夹；

（2）浏览文件；

（3）选择、复制文件；

（4）重命名文件；

（5）移动、删除文件和文件夹。

实战任务

2.2.1 新建文件夹

任务 新建文件夹

任务描述

在 D 盘创建“校园文明风采”文件夹，以及“征文”“职业规划和创新设计”“摄影”三个子文件夹。

任务要点：

掌握新建文件夹的方法。

任务实施：

① 双击桌面上的“计算机”图标，在打开的窗口中再双击 D 盘盘符，打开 D 盘。

② 单击“文件→新建→文件夹”命令，或者在窗口右侧内容区域的空白处单击鼠标右键，从弹出的快捷菜单中单击“新建→文件夹”命令，或者直接单击工具栏中的“新建文件夹”按钮。

③ 输入“校园文明风采”文件夹名称，将系统默认的文件夹名称“新建文件夹”进行修改，如图 2-5 所示。

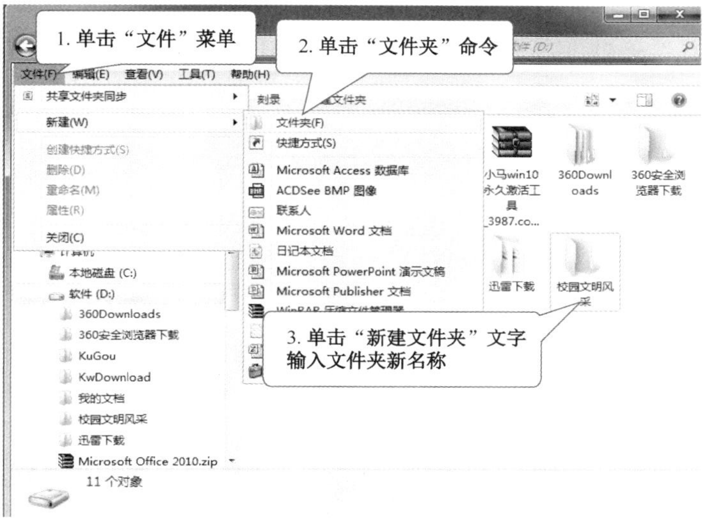

图 2-5　新建“校园文明风采”文件夹

④ 双击桌面上的“校园文明风采”图标，打开文件夹。

⑤ 重复上述步骤，创建名为“职业规划和创新设计”“征文”“摄影”的子文件夹，如图 2-6 所示。

图 2-6　新建三个子文件夹

2.2.2 浏览文件

任务 分组浏览文件的详细信息

任务描述：

根据文件类型对素材文件进行分组浏览，查看文件详细信息。

任务要点：

（1）按“类型”排列文件；

（2）设置更改视图方式为“详细信息”。

任务实施：

① 打开桌面上的“第 2 章素材→校园文明风采”文件夹。

② 单击“查看”菜单，在出现的下拉菜单中单击“分组依据→类型”命令，如图 2-7 所示。

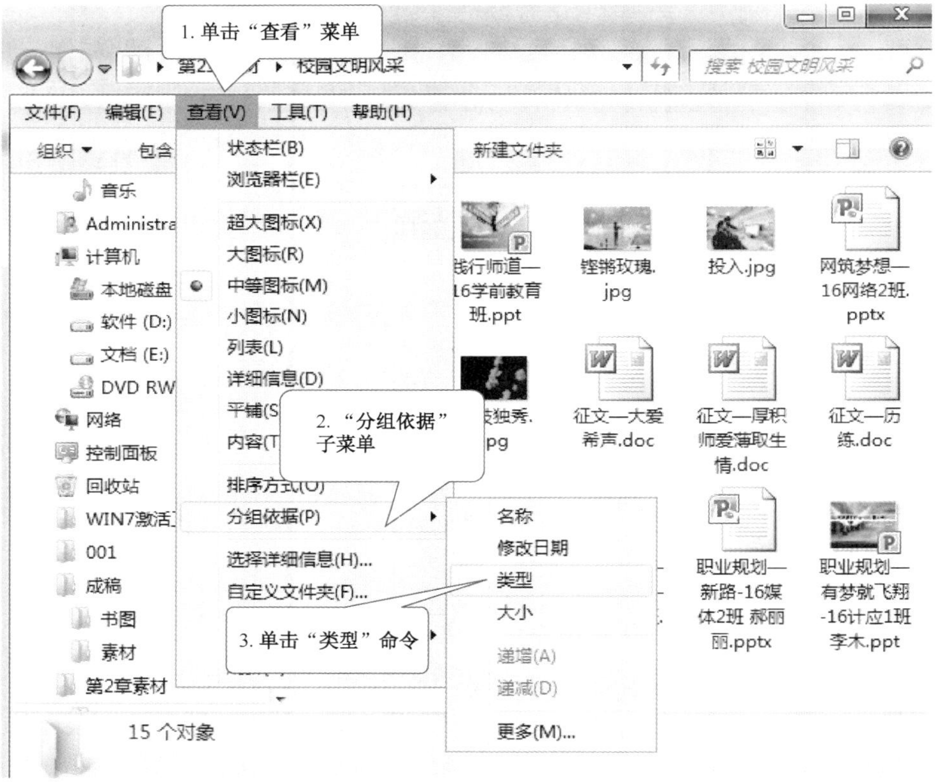

图 2-7 按“类型”分组浏览文件

③ 单击工具栏中的“更改视图”下拉按钮，在弹出的菜单中选择“详细信息”命令。

④ 通过以上操作，系统会自动按文件类型将文件分成若干组，并将以“详细信息”视图模式显示文件，如图 2-8 所示。

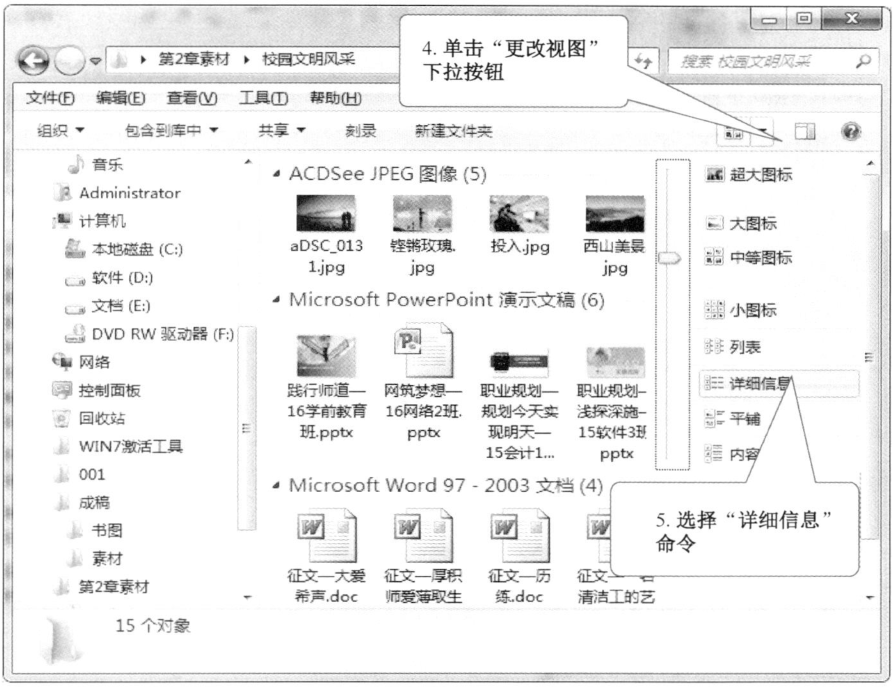

图 2-8　查看详细信息

2.2.3　选择和复制文件

任务　选择和复制文件

任务描述：

在“第 2 章素材”文件夹下“校园文明风采”子文件夹中，将与征文有关的 Word 文件复制到 D 盘“校园文明风采”下的“征文”子文件夹中；将与职业规划和创新设计有关的演示文稿文件复制到“职业规划和创新设计”子文件夹中；将与摄影有关的图片文件复制到“摄影”子文件夹中。

任务要点：

（1）按“类型”排列并以中图标显示文件；

（2）连续选择文件；

（3）复制、粘贴文件。

任务实施：

① 打开桌面上的“第 2 章素材→校园文明风采”文件夹，采用“类型”方式查看，以“中图标”显示文件。

② 单击第一个 Word 文档，同时按下键盘 Shift 键，选择最后一个 Word 文档，在 Word 文档分组里所有的 Word 文档被选中。

③ 从“编辑”菜单或右键快捷菜单中选择“复制”命令，如图 2-9 所示。

④ 打开复制文件的目标文件夹，即 D 盘中的“征文”文件夹，选择菜单栏中的“编辑”菜单或用右键快捷菜单中的“粘贴”命令，即可将刚刚复制的文件粘贴到当前文件夹中，如图 2-10 所示。

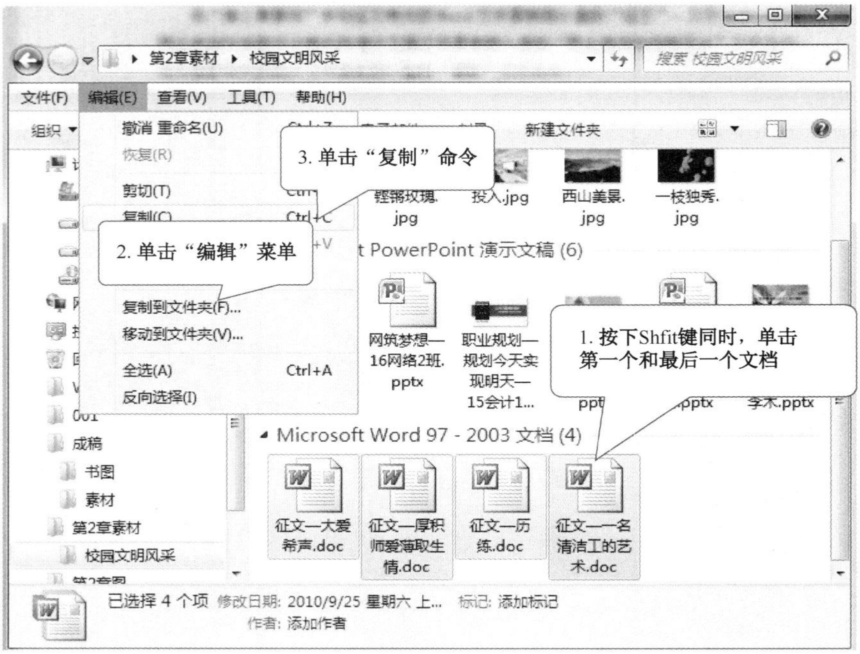

图 2-9　选择并复制多个文件

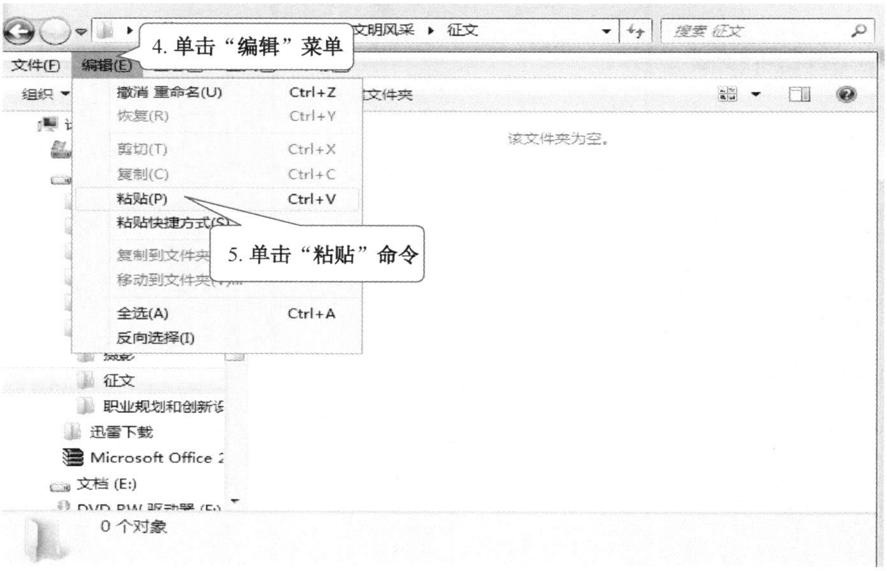

图 2-10　粘贴文件

⑤ 用同样的方法，将演示文稿和图片文件分别复制到“职业规划和创新设计”与“摄影”文件夹中。完成后“职业规划和创新设计”与“摄影”这两个文件夹应包含的文件如图 2-11 所示。

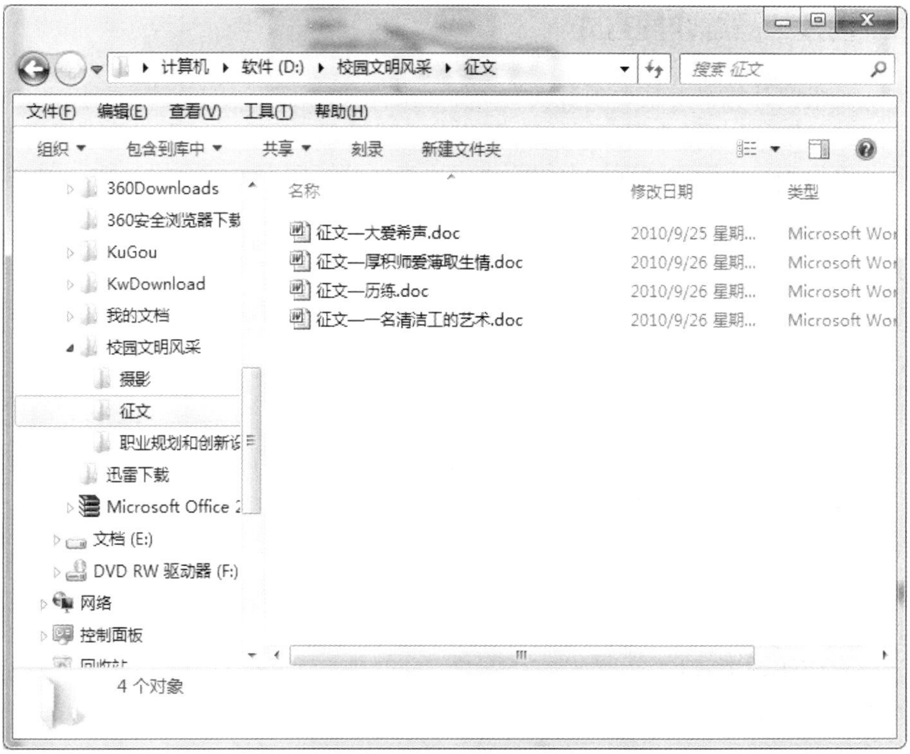

图 2-11　粘贴后的文件夹

2.2.4　文件重命名

任务　重命名文件

任务描述：

将 D 盘下“校园文明风采”中“摄影”文件夹中的“aDSC_0131.jpg”和“HOT8692.jpg”，分别改名为“余辉.jpg”和“夕阳.jpg”。

任务要点：

（1）使用菜单重命名文件；

（2）使用快捷菜单重命名文件；

（3）使用鼠标重命名文件。

任务实施：

1）使用菜单

选中要重命名的“aDSC_0131.jpg”，单击“文件”菜单中的“重命名”命令，输入新的名称“余辉”后，按“回车”键或在其他地方单击鼠标即可。

2）使用快捷菜单

右击要重命名的文件，如“HOT8692.jpg”文件，从弹出的快捷菜单中选择“重命名”命令，输入新的名称“夕阳”后，按“回车”键或在其他地方单击鼠标即可。

3）使用鼠标

选中要重命名的文件，单击文件图标下方的文件名，在文件名的反白处输入新的名称后，按“回车”键或在其他地方单击鼠标即可。

2.2.5 创建或删除快捷方式

快捷方式是指向计算机上某个项目（如文件、文件夹或程序）的链接。可以创建快捷方式，然后将其放置在方便的位置，如桌面上或文件夹的导航窗格（左窗格）中，就可以方便地访问快捷方式链接到的项目。快捷方式图标上的箭头可用来区分快捷方式和原始文件。图 2-12 为原文件和快捷方式的对照。

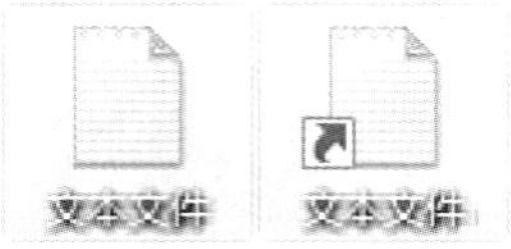

图 2-12　典型的文件图标和相关快捷方式图标

任务　创建或删除快捷方式

任务描述:

为 D 盘下“校园文明风采”中“摄影”文件夹中的 “历练.docx”设置快捷方式。

任务要点:

（1）创建桌面快捷方式;

（2）删除桌面快捷方式。

任务实施:

① 打开资源管理器窗口，在“导航窗格”中展开“计算机”和 C 盘并选择文件夹“C 盘文档”，右击右侧文件夹窗格中的“历练.docx”，在弹出的快捷菜单中单击“创建快捷方式”。新建的快捷方式“历练.docx”将出现在文件夹“C 盘文档”中，如图 2-13 所示。

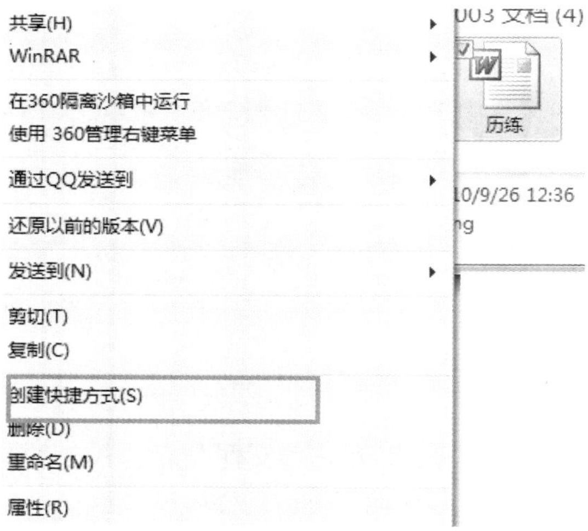

图 2-13　在资源管理器窗口创建快捷方式

② 右击文档“历练.docx”，单击“发送到→桌面快捷方式”，如图 2-14 所示。

③ 选择桌面上“历练.docx 快捷方式”，单击 Delete 键，然后在弹出的对话框中单击“是”命令按钮。

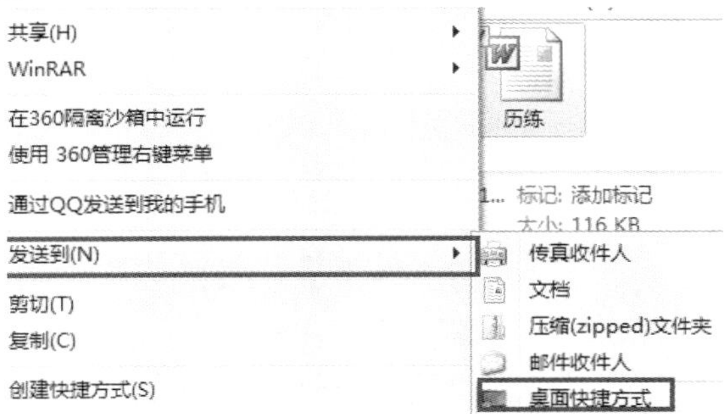

图 2-14　创建桌面快捷方式

知识链接：

创建快捷方式时，还可以通过将地址栏（位于任何文件夹窗口的顶部）左侧的图标拖动到“桌面”等位置来完成，这是为当前打开的文件夹创建快捷方式的快速方法。

也可以将地址栏左侧的图标拖动到文件夹导航窗格的“收藏夹”部分，保存快捷方式。在删除快捷方式时，只会删除快捷方式图标，不会删除原始项。

2.2.6　移动和删除文件

任务　移动和删除文件

任务描述：

为保持桌面整洁有序，将桌面上的“第 2 章素材”文件夹移动到 D 盘或删掉。

任务要点：

（1）使用“剪切”“粘贴”命令移动文件；

（2）删除命令删除文件。

任务实施：

当桌面上的文件或文件夹图标过多时，一方面会影响桌面美观，另一方面也会影响计算机的启动速度，因此应经常对桌面图标特别是文件和文件夹进行清理。清理的方式主要有两种：若文件还有用，可将其移到其他磁盘中；若不再需要这些文件，则可将其删除。

1）用“剪切”“粘贴”命令移动文件

右击桌面上的文件夹“第 2 章素材”，从快捷菜单中选择“剪切”命令，如图 2-15 所示。双击“计算机”选择 D 盘，在空白处单击鼠标右键，从快捷菜单中选择“粘贴”命令，如图 2-16 所示。

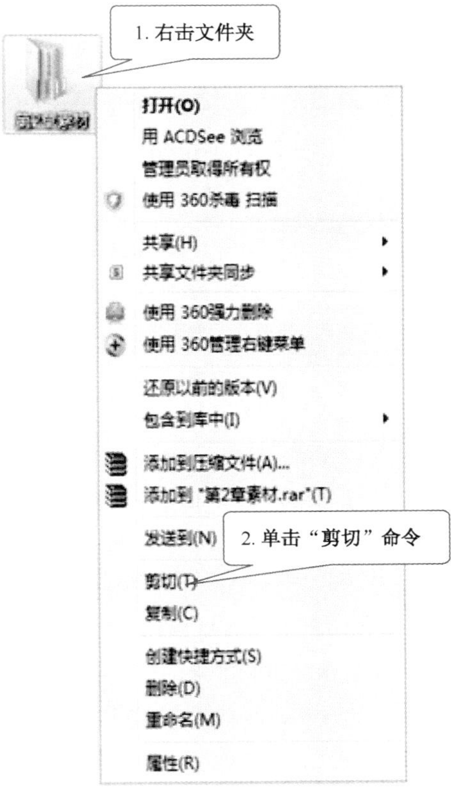

图 2-15　剪切文件夹

2）删除文件

把素材文件用快捷菜单的“删除”命令直接移入回收站，如图 2-17 所示。

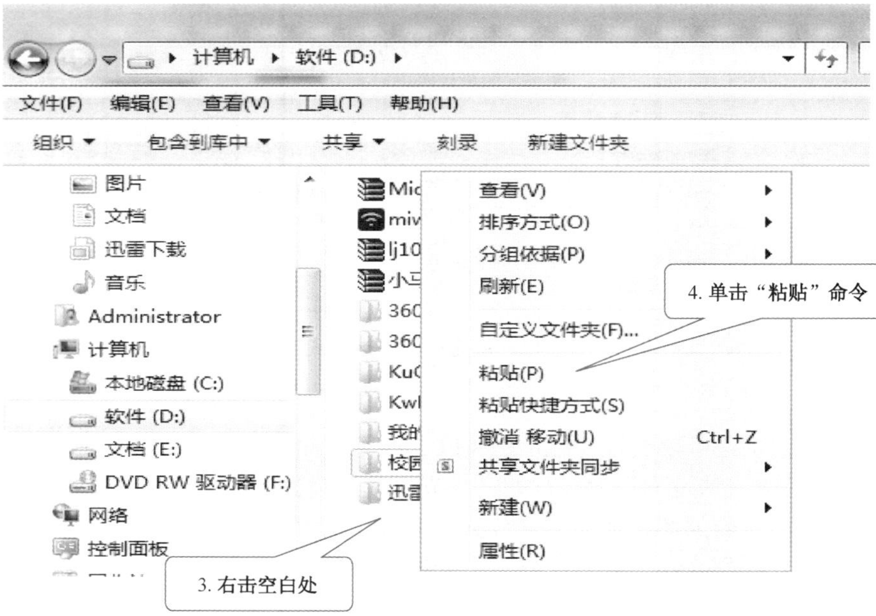

图 2-16　粘贴文件夹

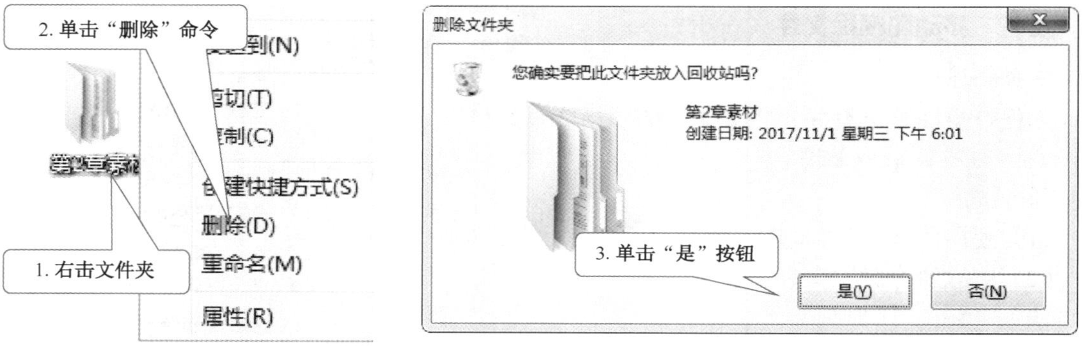

图 2-17　删除文件或文件夹

知识链接：回收站

删除的文件或文件夹通常被移动到“回收站”中，以便在将来需要时还原文件或文件夹。

双击桌面上的“回收站”图标，可以打开回收站，如图 2-18 所示，处理里面的文件或文件夹。

1. 永久删除回收站中的文件或文件夹

若要将文件或文件夹从计算机上永久删除并回收它们所占用的所有硬盘空间，需要从回收站中删除这些文件或文件夹。可以删除回收站中的某些文件或文件夹，或者一次性清空回收站。

打开“回收站”，执行以下操作之一：

① 若要永久性删除某些文件或文件夹，可选择这些文件或文件夹，按 Delete 键，然后单击“是”按钮。

② 若要删除回收站中的所有文件或文件夹，可在工具栏上单击“清空回收站”，然后单击“是”按钮。

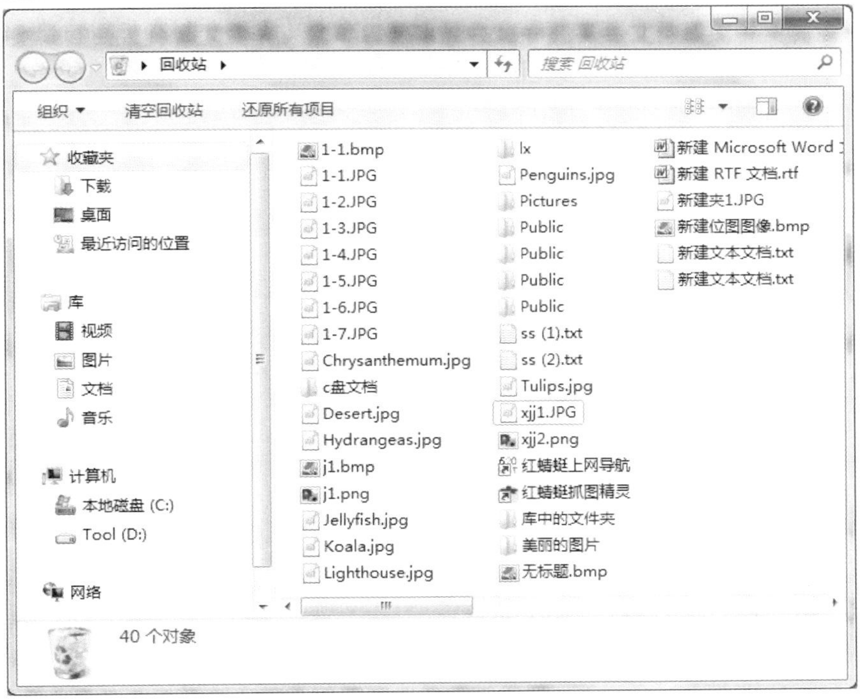

图 2-18　“回收站”窗口

注意：若要在不打开回收站的情况下将其清空，可右键单击回收站，然后单击“清空回收站”命令。

2．恢复回收站中的文件或文件夹

打开“回收站”，执行以下操作之一：

① 若要还原某些文件或文件夹，可选择这些文件或文件夹，然后在工具栏上单击“还原此项目”。

② 若要还原所有文件或文件夹，可确保未选择任何文件或文件夹，然后在工具栏上单击“还原所有项目”，文件或文件夹将还原到它们在计算机上的原始位置。

技能与知识点解析

1．选择文件

在进行文件管理操作时，首先需要确定一个或多个文件作为操作对象，该过程叫选择文件。

（1）选择一个文件。

单击要选择的文件。

（2）选择多个相邻文件。

① 选定多个相邻文件的第一个文件；

② 将鼠标移至这些相邻文件中的最后一个文件；

③ 按住键盘上的 Shift 键不放，再单击该文件。

用鼠标拖动法选择形成矩形区域内的多个相邻文件：

① 将鼠标指向资源管理器右边窗口的空白处（不能为文件或文件夹）；

② 拖动鼠标，出现一个隐形矩形，将要选择的文件或文件夹圈入矩形内；
③ 松开鼠标后，矩形中的对象均被选择。
（3）选择多个不相邻文件。
① 单击其中任意一个文件；
② 按住键盘上的 Ctrl 键不放；
③ 逐个单击要选择的其他文件。
（4）选择所有文件。
一般的方法是单击“组织”菜单，然后选择“全选”命令；或者用快捷键“Ctrl+A”。
如果被选中的是不要选取的文件，而未选中的文件又恰恰是需要选取的文件，这种情况需要反向选择。这时，选择菜单“编辑”下的“反向选择”命令可执行反向选取。

2．复制文件

复制文件的方法有很多，可利用菜单、快捷菜单、鼠标拖放、剪贴板等进行文件的复制。
（1）利用菜单复制文件。
① 选择要复制的源文件，选择“组织”菜单，再选择“复制”命令；
② 找到要复制到的目的位置；
③ 选择“组织”菜单中的“粘贴”命令。
（2）利用快捷菜单复制文件。
① 选择要复制的源文件，右击鼠标，选择快捷菜单中的“复制”命令；
② 找到要复制到的目的位置；
③ 右击鼠标，选择快捷菜单中的“粘贴”命令。
利用快捷菜单复制文件，当出现快捷菜单后，选择“发送到”可轻松地将文件复制到指定的特殊位置，如磁盘、库中的“文档”位置，或在桌面建立快捷方式。
（3）利用鼠标拖放复制文件。
① 选择要复制的源文件；
② 按住 Ctrl 键，同时将文件拖放到指定的位置。

3．移动文件

移动文件可以直接利用鼠标完成，方法是选择好要移动的文件，然后按住鼠标左键拖到目的位置即可。

注意：利用鼠标拖放复制和移动文件到不同驱动器上的操作与复制和移动到同一驱动器上的操作是不同的。直接拖放是复制，而按住 Shift 键拖放为移动。

4．重命名文件

（1）利用菜单重命名文件。
① 选择要重命名的文件；
② 单击“组织”菜单，选择菜单中的“重命名”命令，这时光标定位于文件名位置；
③ 输入新的文件名或者修改原文件名后按“回车”键。
（2）利用快捷菜单为文件重命名。
① 选择要重命名的文件；
② 右击鼠标，选择快捷菜单中的“重命名”命令，这时光标定位于文件名位置；
③ 输入新的文件名或者修改原文件名后按“回车”键。
（3）利用鼠标为文件重命名。

① 单击要重命名的文件；
② 再单击该文件名处，这时光标定位于文件名位置；
③ 输入新的文件名或者修改原文件名后按“回车”键。

5. 删除文件

利用“资源管理器”，可以将指定文件（或文件夹、多个文件，所有磁盘文件等）删除，将待删文件放到“回收站”，以后还能从回收站恢复。

（1）利用菜单删除文件。
① 选择要删除的文件，选择“组织”菜单中的“删除”命令；
② 屏幕提示“确实要将×××等×个文件放到回收站吗？”
③ 单击“是”按钮，指定的文件将放入回收站，单击“否”按钮则放弃删除操作。

（2）利用快捷菜单删除文件。
① 选择要删除的文件；
② 选择快捷菜单中的“删除”命令；
③ 屏幕提示“确实要将×××等×个文件放到回收站吗？”
④ 单击“是”按钮，指定的文件将放入回收站，单击“否”按钮则放弃删除操作。

（3）利用 Del 键删除文件。
① 选择要删除的文件；
② 按 Del 键；
③ 屏幕提示“确实要将×××等×个文件放到回收站吗？”
④ 单击“是”按钮，指定的文件将放入回收站，单击“否”按钮则放弃删除操作。

注意：对磁盘上删除的放入回收站的内容，要在回收站中删除，才能彻底删除，不可恢复；对 U 盘、移动硬盘上的内容做删除操作，将是直接删除，而不放入回收站。

探究与实践

练习：举办一场以“创建文明城市”为主题的活动，内容包括征文、摄影、演讲等，设计一份从宣传、作品收集到颁奖的项目文件夹，通过将各种类型的文件进行分档归类来学习文件和文件夹的创建、浏览、选择、复制、更名、移动、删除等常规操作。

2.3　认识和使用库

知识要点

在 Windows 7 中，系统引入了“库”功能，这是一个强大的文件管理器。从资源的创建、修改，到管理、沟通和备份还原，都是可以在基于库的体系下完成的。库的概念并非传统意义上的存放用户文件的文件夹，简单说，库是把搜索功能和文件管理功能整合在一起的一个文件管理器。通过这个功能我们也可以将越来越多的视频、音频、图片、文档等资料进行统一管理、搜索，大大提高了工作效率。

实战任务

2.3.1 了解库及库功能

Windows 7 的“库”其实是一个特殊的文件夹，不过系统并不是将所有的文件保存到“库”这个文件夹中，而是将分布在硬盘上不同位置的同类型文件进行索引，将文件信息保存到“库”中，简单地说，库里面保存的只是一些文件夹或文件的快捷方式，这并没有改变文件的原始路径，这样可以在不改动文件存放位置的情况下集中管理，提高了工作的效率。

“库”所倡导的是通过搜索和索引访问所有资源，而非按照文件路径、文件名的方式来访问。搜索和索引就是建立对内容信息的管理，让用户通过文档中的某条信息来访问资源。抛弃原先使用文件路径、文件名来访问，这样一来我们并不需要知道这个文件的文件名是什么、路径在哪，就能方便地找到。

简单地讲，就如同网页收藏夹一样，只要单击库中的链接，就能快速打开添加到库中的文件夹——而不管它们原来深藏在本地电脑或局域网当中的位置。另外，它们都会随着原始文件夹的变化而自动更新，并且可以以同名的形式存在于文件库中。

2.3.2 新建库

任务　创建“校园活动”库

任务描述：

Windows 7 系统的“库”默认有视频、音乐、图片、文档 4 个（如果安装了迅雷下载软件，则会出现“迅雷下载”库），我们可以根据需要创建用户自己的库。

任务要点：

（1）打开“资源管理器”;

（2）在“库”文件管理器下新建用户库。

任务实施：

① 右击“开始”菜单，选择“打开 Windows 资源管理器”命令，如图 2-19 所示。

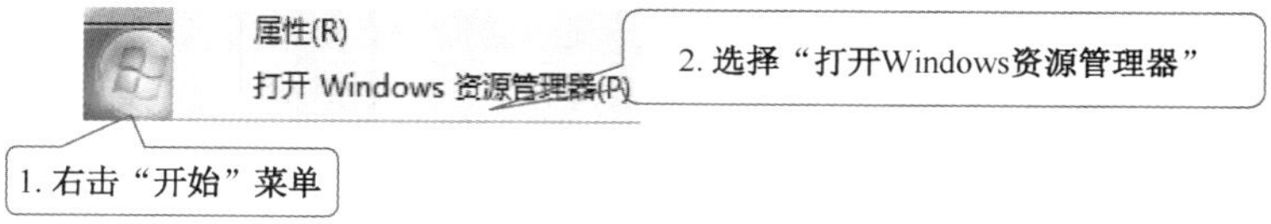

图 2-19　打开“资源管理器”

② 在资源管理器窗口选择“库”文件夹。

③ 右击鼠标，选择“新建→库”，创建一个新库，并输入库名“校园活动”，如图 2-20 所示。

可以在一个库中添加多个子库，这样可以将不同文件夹中的同一类型的文件放在同一个库中，进行集中管理。在库中添加其他子库时，单击窗口右侧上方“包含文件夹”项右侧的“个库位置”，随后打开一个添加对话框，在此可以添加多个文件夹到个库中。

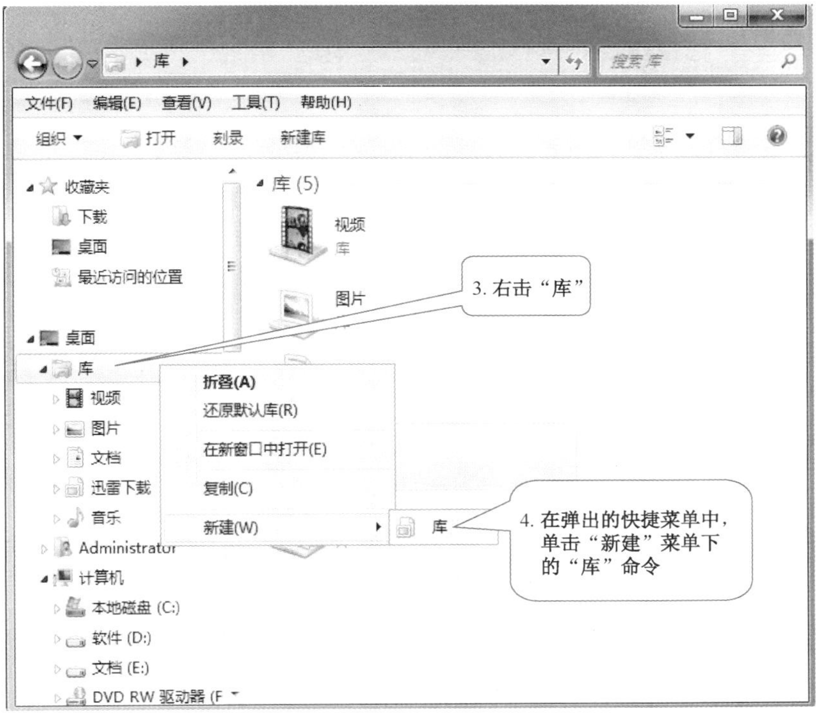

图 2-20　用快捷菜单新建库

2.3.3　文件夹入库

任务　将“校园文明风采”文件夹加入“校园活动”库中

任务描述：

建立好自己的库之后，就可以将文件夹加入到库中，本任务在“校园活动”库中加入桌面上的“校园文明风采”文件夹。

任务要点：

（1）在子库为空时加入文件夹；

（2）在子库不为空时加入文件夹。

任务实施：

① 单击库下的“校园活动”子库。

② 如果库为空，单击“包括一个文件夹”，选择“桌面→校园文明风采”，如图 2-21 所示。单击“包括文件夹”按钮即可，如图 2-22 所示。

③ 如果库不为空，选择要加入文件夹的库，单击“组织→属性”，打开属性对话框，或者单击鼠标右键打开快捷菜单，选择“属性”命令，打开属性对话框，单击“包含文件夹”按钮，再选择要包含的文件夹，如图 2-23 所示。

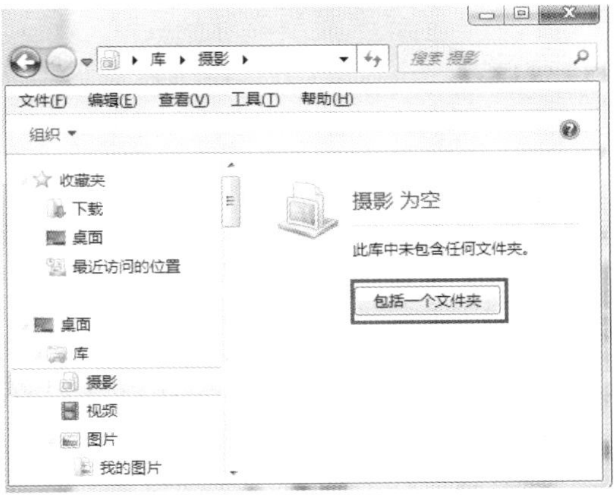

图 2-21　为空库添加文件夹

图 2-22　选择要入库的文件夹

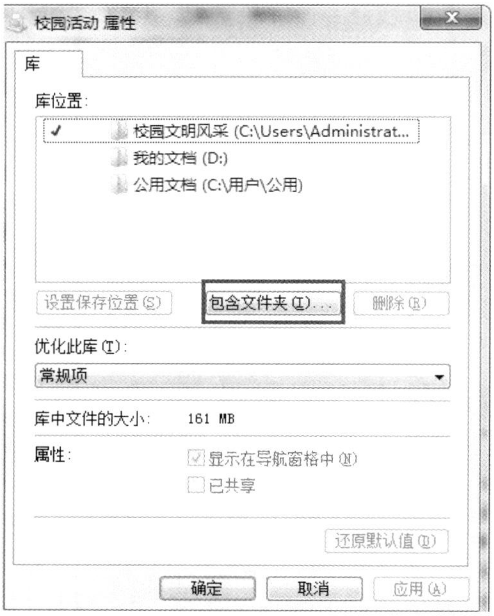

图 2-23　为非空库添加文件夹

在将文件夹入库之后，文件虽然会显示在库中，但其实它仍然存储在其原始位置上。

2.3.4　在库中快速查找文件

可以通过导入的方式将文件导入库中，为了让用户更方便地在“库”中查找资料，系统还提供了一个强大的“库”搜索功能，这样我们不用打开相应的文件或文件夹就能找到需要的资料。

搜索时，在“库”窗口上面的搜索框中输入需要搜索文件的关键字，随后单击“回车”键，这样系统自动检索当前库中的文件信息。随后在该窗口中列出搜索到的信息。库搜索功能非常强大，不但能搜索到文件夹、文件标题、文件信息、压缩包中的关键字信息，还能对一些文件中的信息进行检索，这样我们就可以非常轻松地找到自己需要的文件。

2.3.5 删除库中文件夹和子库

任务　删除“技能大赛”库中的“16 级计应专业技能大赛”文件夹，再删除该库

任务描述：

在库中可以根据需要对某个文件夹进行删除，选择要删除的库中的文件夹，鼠标右击，在弹出的快捷菜单中选择“从库中删除位置”命令即可。

任务要点：

（1）删除文件夹；

（2）删除子库。

任务实施：

① 单击“技能大赛”库，鼠标右键单击“16 级计应专业技能大赛”文件夹，在弹出的快捷菜单中选择“从库中删除位置”命令，如图 2-24 所示。

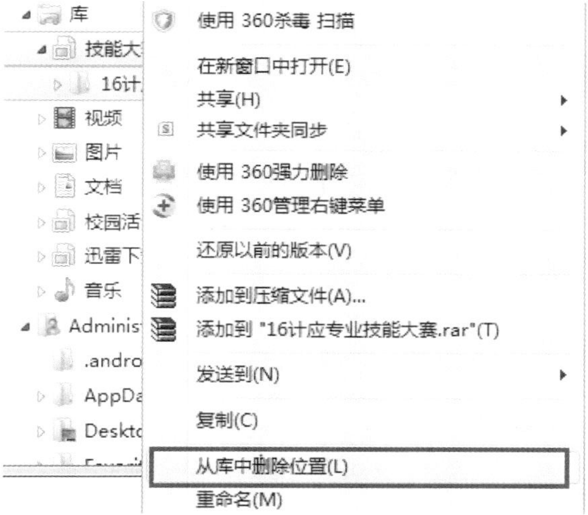

图 2-24　从库中删除文件夹

② 右击“技能大赛”库，在打开的快捷菜单中单击“删除”命令即可删除库，如图 2-25 所示。删除库是不会删除原始文件夹的。

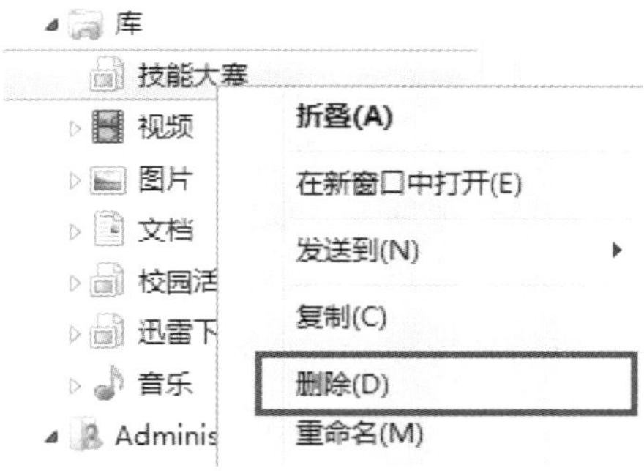

图 2-25　删除库

技能与知识点解析

在 Windows 7 中，有 4 个默认库。

① 文档库：该库主要用于组织和排列字处理文档、电子表格、演示文稿及其他与文本有关的文件。默认情况下，文档库的文件存储在“我的文档”文件夹中。

② 图片库：该库主要用于组织和排列数字图片，图片可从照相机、扫描仪或电子邮件中获取。默认情况下，图片库的文件都存储在“我的图片”文件夹中。

③ 音乐库：该库主要用于组织和排列数字音乐，如从音频 CD 翻录或从 Internet 下载的歌曲。默认情况下，音乐库的文件存储在“我的音乐”文件夹中。

④ 视频库：该库主要用于组织和排列视频，如取自数字相机、摄像机的剪辑，或者从 Internet 下载的视频文件。默认情况下，视频库的文件存储在“我的视频”文件夹中。

2.4 磁盘管理和优化操作

知识要点

磁盘是计算机存储信息的重要物理介质，文件、文件夹和系统信息都存储在磁盘中（也包括 U 盘等可进行随机读/写操作的介质）。由于用户频繁地复制、删除、安装和卸载文件，长时间的操作后，磁盘会出现碎片、读/写错误、无用文件占用磁盘空间等情况，需要使用磁盘操作功能对其进行维护。

实战任务

2.4.1 检查硬盘错误

任务 检查硬盘错误

任务描述：

检查本地磁盘 C 盘有没有错误，若有进行修复。

任务要点：

检测硬盘可能出现的错误并进行修复。

任务实施：

① 打开资源管理器。

② 右击要检查的硬盘“本地磁盘（C:）”，在弹出的快捷菜单中单击“属性”，单击“本地磁盘（C:）属性”对话框中的“工具”选项卡，如图 2-26 所示。

③ 单击“开始检查”，弹出“检查磁盘 本地磁盘（C:）”对话框，如图 2-27 所示。如果系统提示输入管理员密码或进行确认，请输入该密码或提供确认。

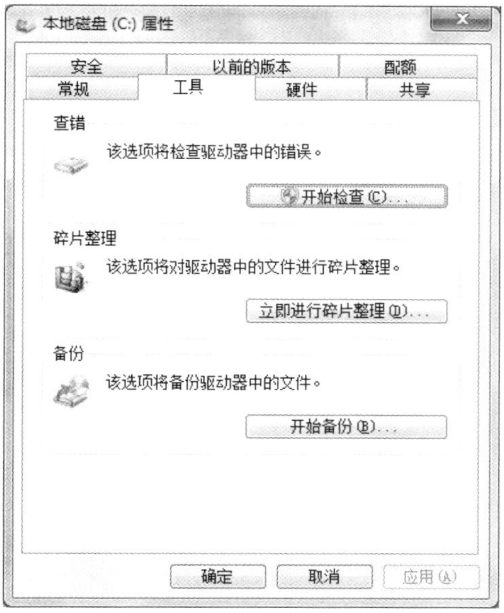

图 2-26　“本地磁盘（C:）属性”对话框

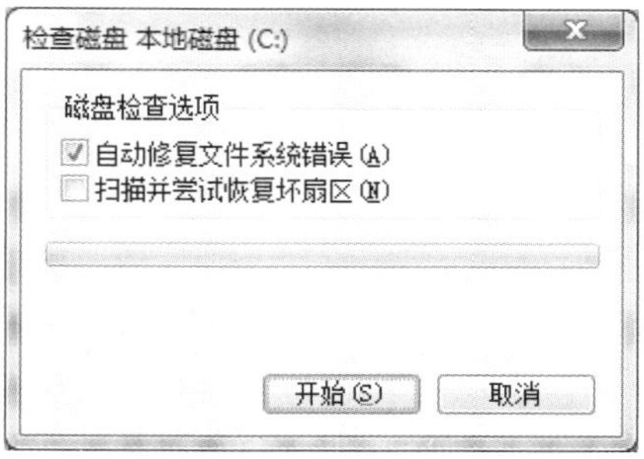

图 2-27　“检查磁盘 本地磁盘（C:）”对话框

提示：

（1）若要自动修复通过扫描所检测到的文件和文件夹问题，请选择“自动修复文件系统错误”。否则，磁盘检查将报告问题，但不进行修复。

（2）若要执行彻底的磁盘检查，请选择“扫描并尝试恢复坏扇区”。该扫描操作将尝试查找并修复硬盘自身的物理错误，且可能需要较长时间才能完成。

（3）若要既检查文件错误又检查物理错误，请选择“自动修复文件系统错误”和“扫描并尝试恢复坏扇区”。

④ 单击“开始”按钮。此操作可能需要几分钟时间，这要视硬盘的大小而定。为获得最好的结果，在检查错误的时候，请不要使用计算机执行任何其他任务。

通过确保硬盘中不存在任何错误，可以解决某些计算机问题以及改善计算机的性能。

在进行查错的时候需要注意，如果为正在使用的磁盘（例如，包含 Windows 的分区）选择“自动修复文件系统错误”，则下次重新启动计算机时系统将提示重新计划磁盘检查。

知识链接：如何防止文件损坏？

文件损坏的情况很少发生。通常，如果在保存文件时出现问题，则会发生文件损坏的情况。例如，正在保存文件时，保存文件的程序可能停止工作，或计算机断电。

通过使用电涌抑制器或不间断电源（UPS）保护计算机的电源，可以减少文件损坏的机会。

此外，请确保始终正确关闭计算机。避免按住电源按钮，因为这通常会强制 Windows 突然关机。

2.4.2 磁盘清理

任务　磁盘清理

任务描述：

计算机使用一段时间以后，在磁盘会积累一定的垃圾文件，这些文件我们是不好找的，利用系统进行磁盘清理可以清除，磁盘清理只能对本地磁盘进行操作。我们可以对磁盘定时进行清理，释放空间。

任务要点：

清理计算机磁盘 C 上的无用文件。

任务实施：

① 单击“开始→控制面板”，弹出如图 2-28 所示的“控制面板”窗口，在该窗口中单击“系统和安全”。

图 2-28　“控制面板”窗口

② 在如图 2-29 所示的“系统和安全”窗口中单击“管理工具”下的“释放磁盘空间”。

图 2-29　“系统和安全”窗口

③ 在弹出的“磁盘清理：驱动器选择”对话框的“驱动器”列表中，单击要清理的硬盘驱动器 C，然后单击“确定”按钮，如图 2-30 所示。

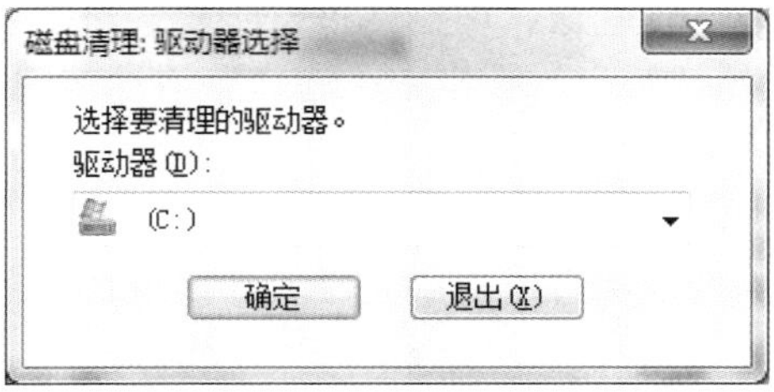

图 2-30　“磁盘清理：驱动器选择”对话框

④ 在弹出的“（C:）的磁盘清理”对话框中的“磁盘清理”选项卡上，选中要删除的文件类型的复选框，然后单击“确定”按钮，如图 2-31 所示。

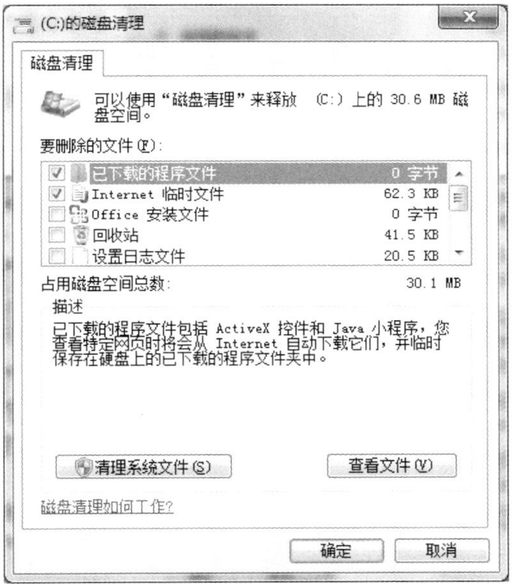

图 2-31　“（C:）的磁盘清理”对话框

⑤ 在弹出的消息框中，单击“删除文件”按钮，如图 2-32 所示。

图 2-32　“磁盘清理”消息框

使用磁盘清理可以减少硬盘上不需要的文件数量，释放磁盘空间并让计算机运行得更快。该程序可删除临时文件、清空回收站并删除各种系统文件和其他不再需要的项。

在上面介绍的操作中只能清除与用户账户关联的文件。还可以使用磁盘清理来清除计算机上的所有文件，方法如下：

① 在上面操作步骤 4 的“(C:) 的磁盘清理”对话框中，单击“清理系统文件”按钮。如果系统提示输入管理员密码或进行确认，请输入该密码或提供确认。

② 在“磁盘清理：驱动器选择”对话框中，选择要清理的硬盘驱动器，然后单击“确定”按钮。

③ 此时在“(C:) 的磁盘清理”对话框中会多出“其他选项”选项卡，如图 2-33 所示，该选项卡只有在选择清理计算机上所有用户的文件时才出现。此选项卡包含用于释放更多磁盘空间的两种其他方法：

a.“程序和功能”。此选项在“控制面板”中打开“程序和功能”，可以在其中卸载不再使用的程序。“程序和功能”中的“大小”列显示了每个程序使用的磁盘空间大小。

b.“系统还原和卷影复制”。使用此选项，可以删除磁盘上的所有还原点（最近创建的还原点除外）。

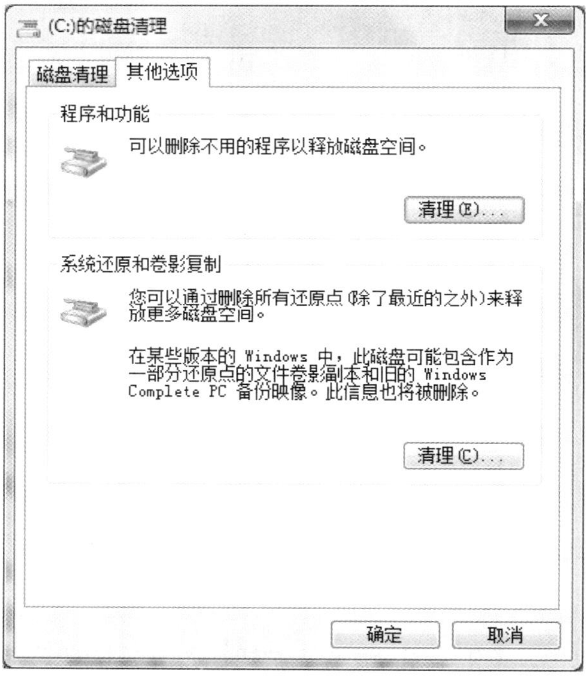

图 2-33 “磁盘清理”对话框中“其他选项”选项卡

④ 在“(C:) 的磁盘清理”对话框的“磁盘清理”选项卡上，选中要删除的文件类型的复选框，然后单击“确定”按钮。在出现的消息框中，单击“删除文件”按钮即可。

2.4.3 碎片整理

任务 碎片整理

任务描述：

磁盘碎片称为文件碎片，是因为文件被分散保存到整个磁盘的不同地方，而不是连续地保存在磁盘连续的簇中形成的。适当的碎片整理可以有效利用磁盘空间，延长磁盘寿命。

任务要点：

对硬盘进行碎片整理。

任务实施：

① 单击“开始→控制面板→系统和安全”，单击“管理工具”下的“对硬盘进行碎片整理”，弹出“磁盘碎片整理程序”窗口，如图 2-34 所示，选择要进行碎片整理的磁盘，如“本地磁盘（C:）”。

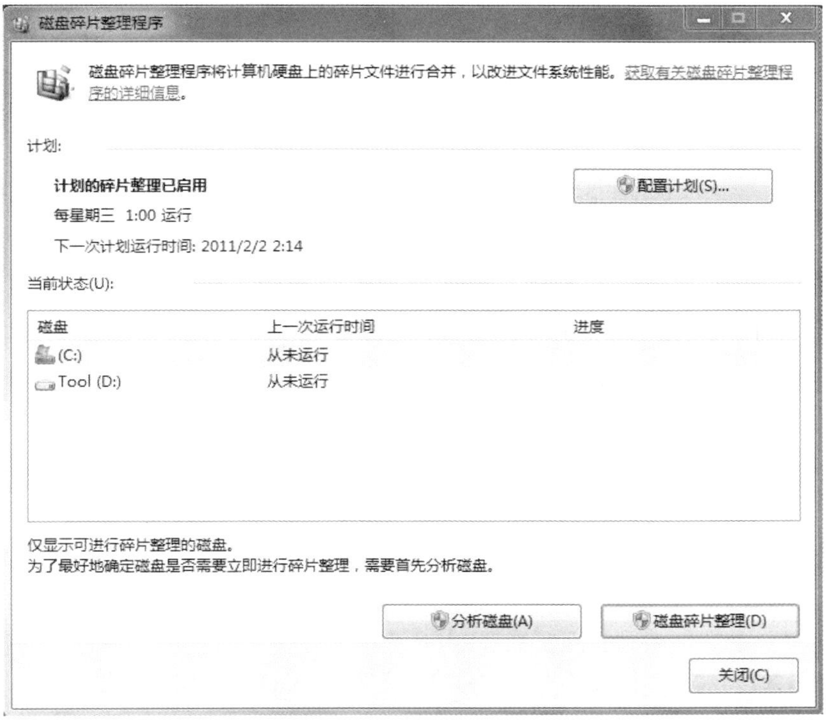

图 2-34　“磁盘碎片整理程序”窗口

② 若要确定是否需要对磁盘进行碎片整理，请单击“分析磁盘”按钮。如果系统提示输入管理员密码或进行确认，请输入该密码或提供确认。

③ 在 Windows 完成分析磁盘后，可以在“上一次运行时间”列中检查磁盘上碎片的百分比。如果数字高于 10%，则应该对磁盘进行碎片整理。

④ 单击“磁盘碎片整理”按钮。如果系统提示输入管理员密码或进行确认，请输入该密码或提供确认。

注意：磁盘碎片整理程序可能需要几分钟到几小时才能完成，具体取决于硬盘碎片的大小和程度。在碎片整理过程中，仍然可以使用计算机。

知识链接：检测计算机性能的方法

Windows 体验指数和 ReadyBoost 都提供有助于提高计算机性能的方法。

打开“Windows 体验指数”的步骤：

单击打开“控制面板”“系统和安全”“检查 Windows 体验指数”查看有关计算机功能的详细信息。

Windows 体验指数测量计算机硬件和软件配置的功能，并将此测量结果表示为称作基础分数的一个数字。较高基础分数的计算机通常表示比具有较低基础分数的计算机运行得更好和更快（特别是在执行更高级和资源密集型任务时）。

如果系统提示输入管理员密码或进行确认，请输入该密码或提供确认。如果最近升级了硬件并想知道自己的分数是否发生了更改，请单击“重新运行评估”按钮。如果系统提示输入管理员密码或进行确认，请输入该密码或提供确认。

技能与知识点解析

在进行碎片整理的时候需要注意的问题：

碎片会使硬盘执行能够降低计算机速度的额外工作。可移动存储设备（如 USB 闪存驱动器）也可能成为碎片。磁盘碎片整理程序可以重新排列碎片数据，以便磁盘和驱动器能够更有效地工作。磁盘碎片整理程序可以按计划自动运行，但也可以手动分析磁盘和驱动器以及对其进行碎片整理。

如果磁盘已经由其他程序独占使用，或者磁盘使用 NTFS 文件系统、FAT 或 FAT32 之外的文件系统格式化，则无法对该磁盘进行碎片整理。

不能对网络位置进行碎片整理。

如果此处未显示用户希望在“当前状态”下看到的磁盘，则可能是因为该磁盘包含错误。应该首先尝试修复该磁盘，然后返回磁盘碎片整理程序重试。

2.4.4 备份和还原驱动器文件

任务 备份和还原驱动器文件

任务描述：

在 C 盘中有一个文件夹“C 盘文档”，内有三个文件“文档（1）.TXT”“文档（2）.TXT”和“文档（3）.TXT”，将 C 盘文件夹“C 盘文档”备份到 D 盘，将“C 盘文档”备份中的“文档（1）.TXT”和“文档（2）.TXT”还原到 D:\下。

任务要点：

（1）备份驱动器文件；

（2）还原驱动器文件。

任务实施：

① 单击“开始→控制面板→系统和安全”，单击“管理工具”下的“备份和还原”，打开“备份和还原”窗口，如图 2-35 和图 2-36 所示。

② 如果以前从未使用过 Windows 备份，请单击图 2-35 窗口中的“设置备份”，然后按照“设置备份”向导中的四个步骤操作，如图 2-37～图 2-40 所示。

③ 在“设置备份”第四步对话框中单击“保存设置并退出”按钮后，备份完成，此时，“备份和还原”窗口内容将发生改变，如上面图 2-36 所示。在该窗口中，若单击“更改设置”，将会再次弹出“设置备份”向导，可以更改上次的备份设置。若单击“管理空间”，将弹出“管理 Windows 备份磁盘空间”对话框 1，如图 2-41 所示。再单击“查看备份”按钮，弹出“管理 Windows 备份磁盘空间”对话框 2，如图 2-42 所示，在该对话框中，选择要删除的备份期间，然后单击“删除”按钮，就可以把选定备份期间的备份文件全部删除。

图 2-35　从未使用过 Windows 备份弹出的“备份和还原”窗口

图 2-36　以前创建过备份弹出的“备份和还原”窗口

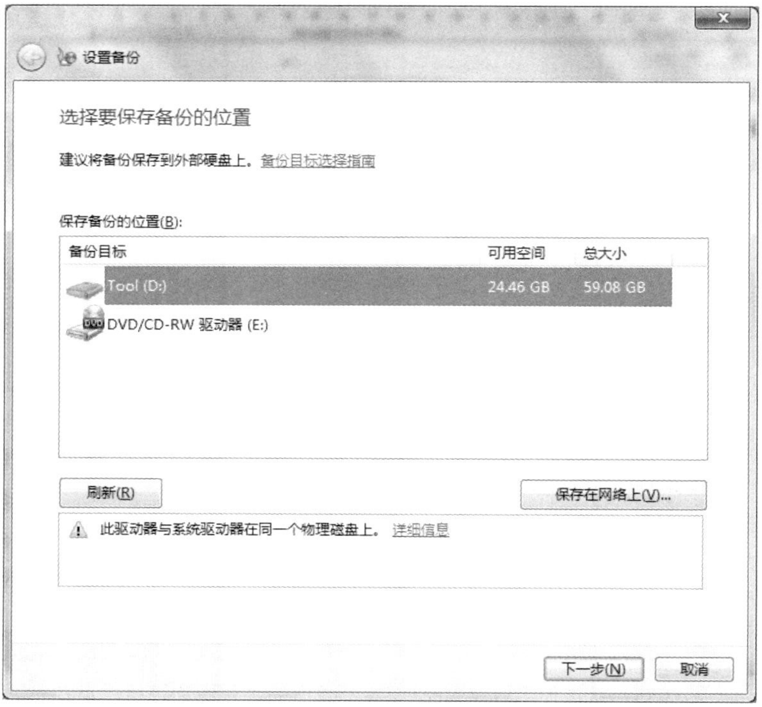

图 2-37 “设置备份”向导 1

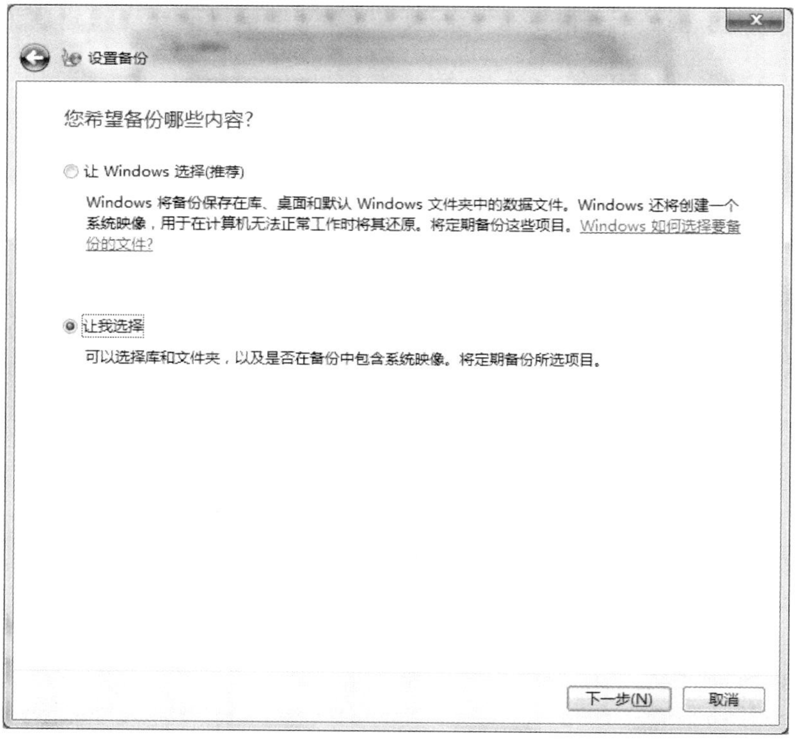

图 2-38 “设置备份”向导 2

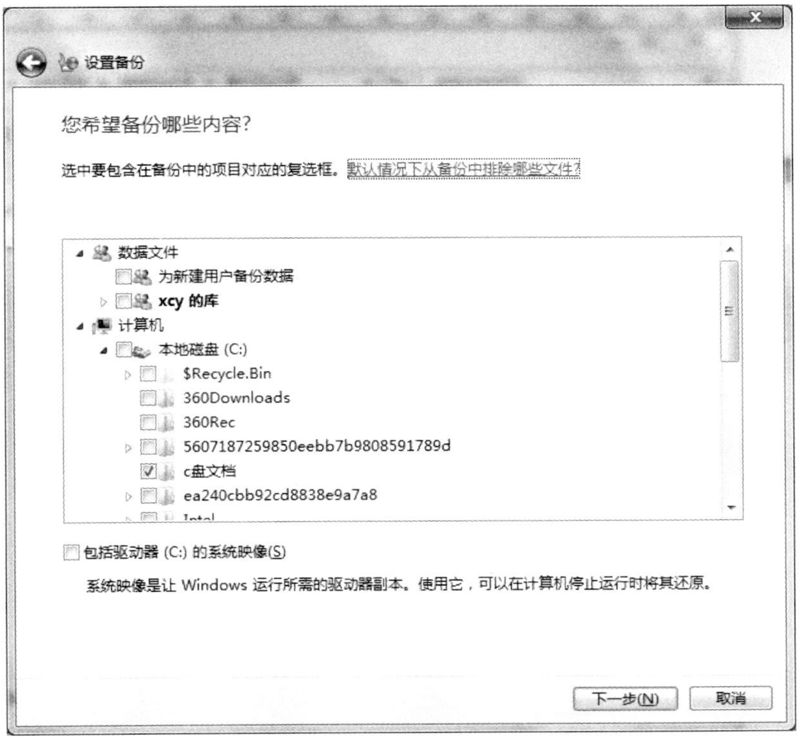

图 2-39　“设置备份”向导 3

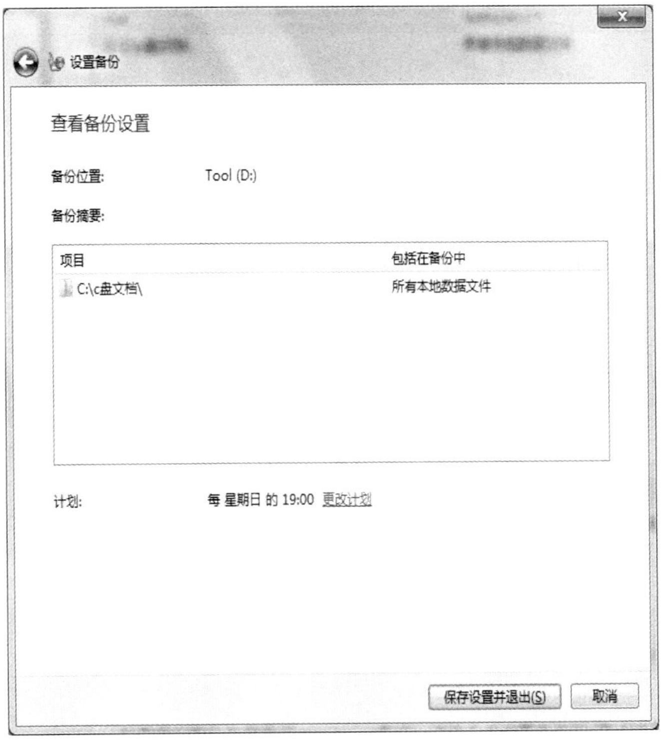

图 2-40　“设置备份”向导 4

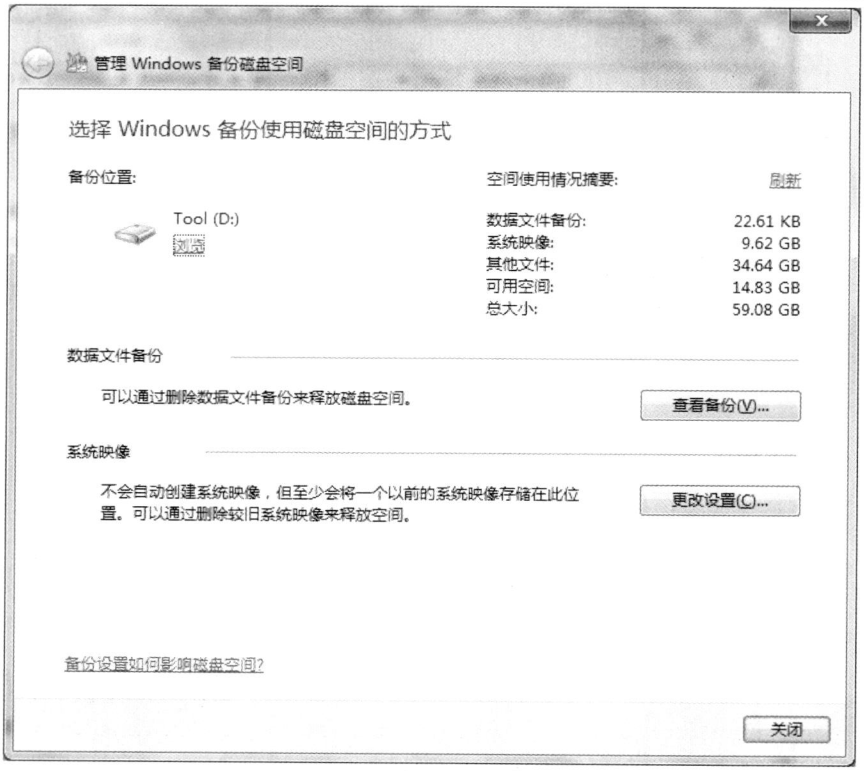

图 2-41　“管理 Windows 备份磁盘空间”对话框 1

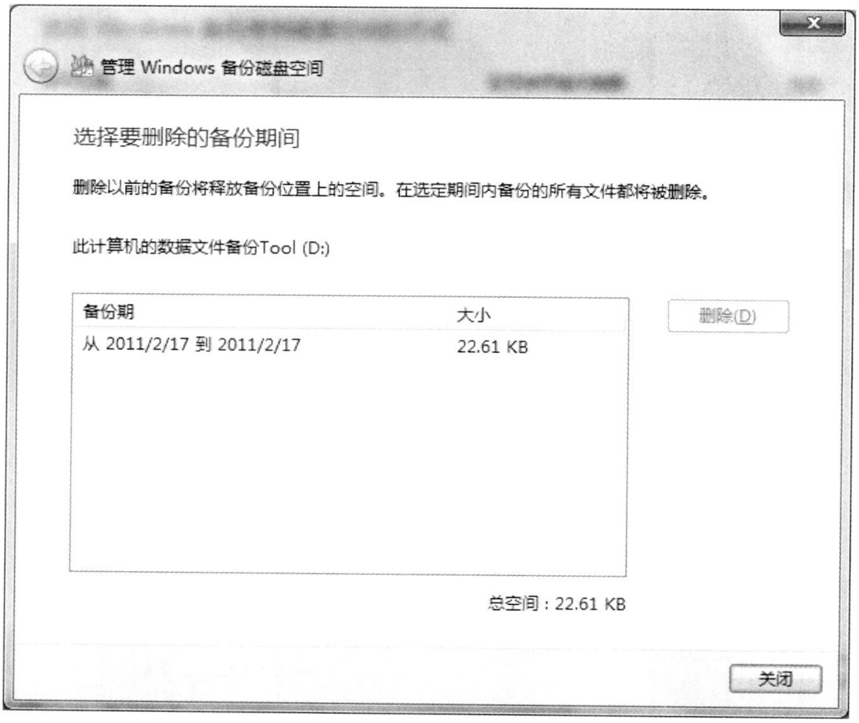

图 2-42　“管理 Windows 备份磁盘空间”对话框 2

④ 单击上面图 2-36 所示“备份和还原”窗口中的“还原我的文件”按钮，弹出“还原文件”向导 1，如图 2-43 所示。

图 2-43　“还原文件”向导 1

⑤ 单击“浏览文件”按钮，弹出“浏览文件的备份”窗口，如图 2-44 所示，双击“C:的备份”→“C 盘文档”，然后选择“文档(1)”和“文档(2)”，单击“添加文件”按钮，返回“还原文件”向导 1，单击“下一步”按钮。

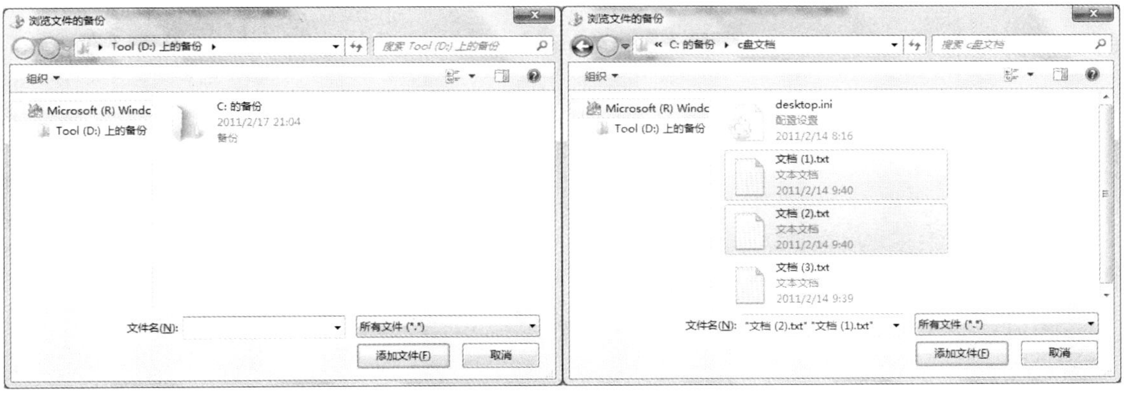

图 2-44　“浏览文件的备份”窗口

⑥ 在“还原文件”向导 2 中，选择“在以下位置”，并通过“浏览”选择 D 盘或直接录入“D:\”，单击“还原”按钮，如图 2-45 所示。

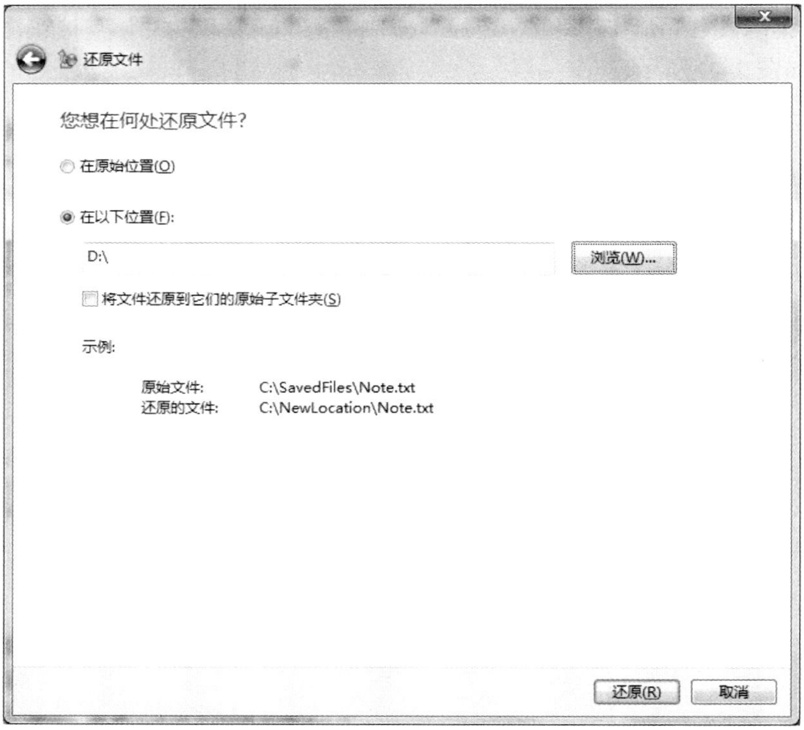

图 2-45　“还原文件”向导 2

⑦ 弹出“还原文件”向导 3，如图 2-46 所示，单击“完成”按钮。

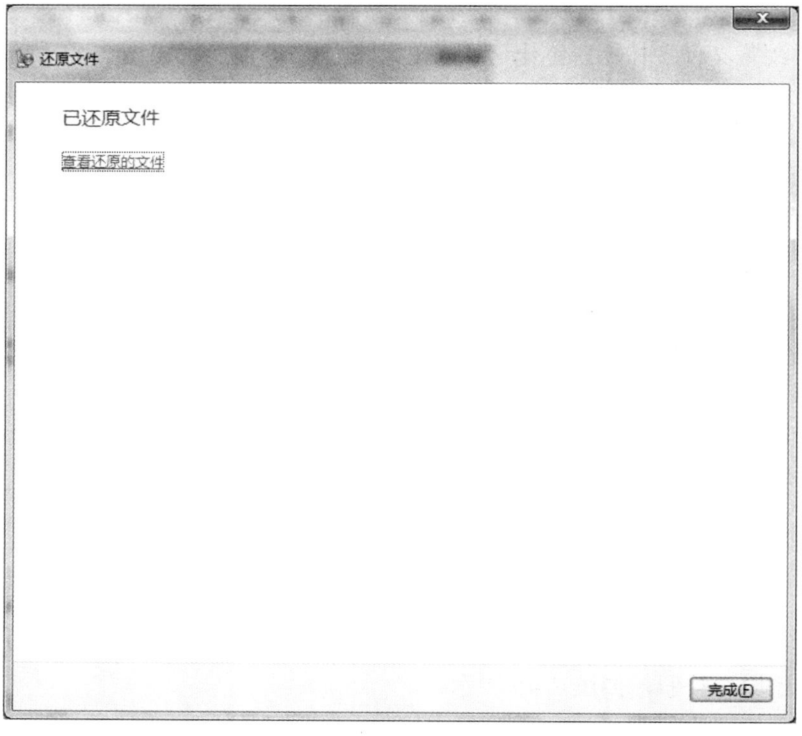

图 2-46　“还原文件”向导 3

技能与知识点解析

为了确保不会丢失用户的文件，应当定期备份这些文件。可以设置自动备份或者随时手动备份文件，然后可以还原丢失、受到损坏或意外更改的备份版本的文件，也可以还原个别文件、文件组或者已备份的所有文件。

在进行备份时，建议不要将文件备份到安装 Windows 的硬盘中。始终将用于备份的介质（外部硬盘、DVD 或 CD）存储在安全的位置，以防止未经授权的人员访问文件；建议存储在与计算机分离的防火位置。还应考虑加密备份上的数据。

创建第一个备份之后，Windows 备份会将新增或更改的信息添加到后续备份中。如果要将备份保存在硬盘驱动器或网络位置，Windows 备份将在需要时自动为用户新建完整的备份。如果将备份保存在 CD 或 DVD 上并且无法找到现有备份光盘，或者要为计算机上的所有文件新建备份，则可以创建完整备份。

新建完整备份的步骤：

① 打开“备份和还原”窗口。

② 在左窗格中，单击“新建完整备份”。

注意：

只有将备份保存到 CD 或 DVD 上时才会看到此选项。

2.4.5　格式化硬盘分区

任务　格式化硬盘分区

任务描述：

在本任务中，对目标卷进行格式化。

任务要点：

硬盘的格式化。

任务实施：

① 单击“开始→控制面板→系统和安全”，单击“管理工具”下的“创建并格式化硬盘分区”，弹出“磁盘管理”窗口，如图 2-47 所示。

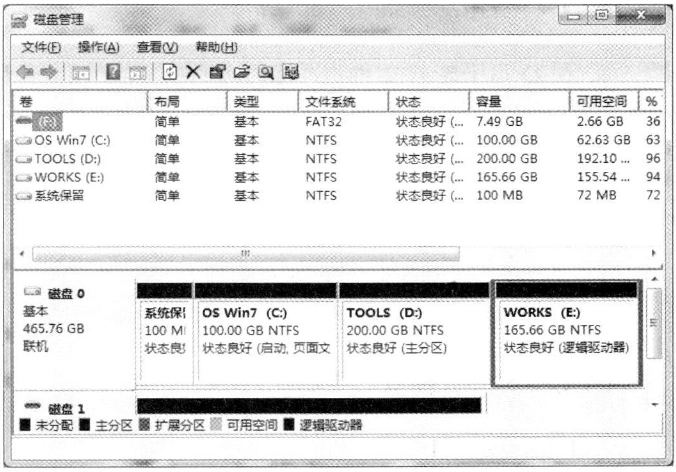

图 2-47　“磁盘管理”窗口

② 鼠标右击要格式化的卷，然后在弹出的快捷菜单中单击“格式化”，打开如图 2-48 所示的“格式化”对话框。

③ 若要使用默认设置格式化卷，请在“格式化”对话框中单击“确定”按钮，然后再次单击“确定”按钮。

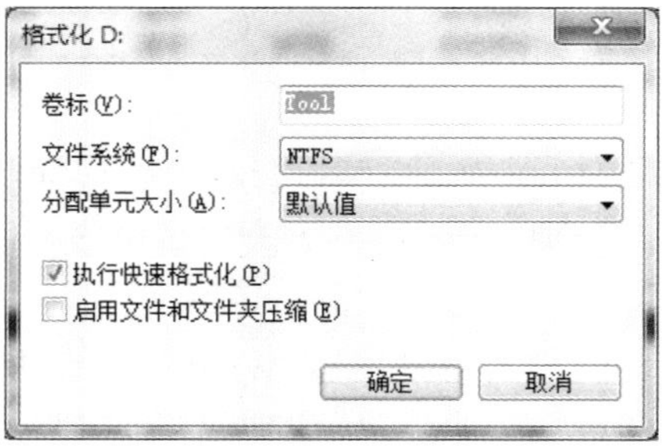

图 2-48 “格式化”对话框

技能与知识点解析

格式化操作的警告：

① 无法对当前正在使用的磁盘或分区（包括包含 Windows 的分区）进行格式化。

② 格式化卷将会破坏分区上的所有数据。请确保备份所有要保存的数据，然后再开始操作。

探究与实践

练习 1：对 D 盘进行错误检测，并清理磁盘 D 上的文件

练习 2：删除 2.4.4 节中建立的备份。

2.5 技能与知识巩固

2.5.1 技能演练

1．在 D 盘上新建文件夹“练习项目”，再在该文件夹下新建两个文件夹“文本文件”和“图片文件”。

2．在“D:\练习项目\文本文件”文件夹下新建文件“练习文本 1”。

3．在 C 盘查找“.JPG”图片文件，任选其中两个并将它们复制到“D:\练习项目\图片文件”下。

4．将“D:\练习项目”文件夹进行压缩，生成压缩文件夹“练习项目.zip”。

5．将“练习项目.zip”复制到 U 盘。

2.5.2 知识强化

一、填空题

1．在计算机中，信息（如文本、图像或音乐）以________的形式保存在存储盘上。

2．文件名通常由________和________两部分构成，其中________能反映文件的类型。

3．Windows 7 中，有四个默认库，包括________、________、________、________。

4．复制文件的快捷键是________，粘贴的快捷键是________。

5．Win 7 环境中一个库中最多可以包含________个文件夹。

二、选择题

1．同时选择某一位置下全部文件或文件夹的快捷键是（　　）。

A．Ctrl+C　　B．Ctrl+V　　C．Ctrl+A　　D．Ctrl+S

2．直接永久删除文件而不是先将其移至回收站的快捷键是（　　）。

A．Esc+Delete　　B．Alt+Delete　　C．Ctrl+Delete　　D．Shift+Delete

3．文本文件的扩展名是（　　）。

A．.TXT　　B．.EXE　　C．.JPG　　D．.AVI

4．如果一个文件的名字是“AA.BMP”，则该文件是（　　）。

A．可执行文件　　B．文本文件　　C．网页文件　　D．位图文件

5．下面（　　）图标代表的是网页文件。

A．　　B．　　C．　　D．

三、简答题

1．试列出至少三种打开资源管理器的方法。

2．说明在资源管理器中同时选择多个连续文件或文件夹的方法。

3．从库中将某个文件夹删除，该文件夹会被从原位置删除吗？

4．试说明三种复制文件的方法。

5．如何同时打开多个文件？

第 3 章

文字输入

文字输入是使用计算机的基本技能之一。熟练地运用输入方法与技巧进行文字录入，是成为信息社会合格公民所必备的技能。在 Windows 7 等操作系统中，不仅可以使用计算机的键盘直接输入英文、数字和一些普通符号，还可以应用汉字输入法快速地输入中文和特殊的符号，并可以使用 Windows 7 内置的记事本、写字板等工具进行简单的文字编辑。

学习要点

- 设置输入法
- 使用“记事本”编辑文本文档
- 熟练掌握使用王码五笔输入法进行中文输入的操作技能

3.1 设置输入法

3.1.1 添加输入法

知识要点

Windows 7 系统提供多种输入法供用户选择，中文输入法采用全新的界面，新增了许多中文输入功能，允许每个应用程序拥有不同的输入环境。每一种输入法又可进行词语联想、词语输入、逐渐提示、外码提示、光标跟随等状态的任意设置。

实战任务

任务　添加“微软拼音 ABC 输入法”

任务描述：

Windows 7 在系统安装时已经预装了一些默认的输入法，但用户可能习惯使用其他的中文输入方法，所以用户可以根据自己的需求安装熟悉的输入法。

任务要点：

在语言栏中添加“微软拼音 ABC 输入风格”。

任务实施：

① 单击“开始→控制面板”，如图 3-1 所示，打开“控制面板”。

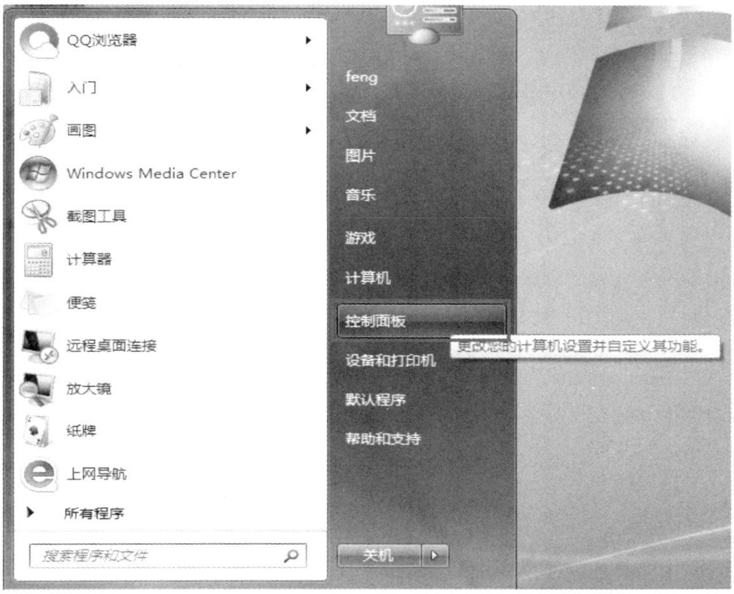

图 3-1　在“开始”菜单中打开“控制面板”

② 进入“控制面板”后，单击“时钟、语言和区域”选项下的“更改键盘或其他输入法”，如图 3-2 所示。

图 3-2　“控制面板”窗口

③ 进入“区域和语言”对话框，单击“更改键盘”按钮，如图 3-3 所示。

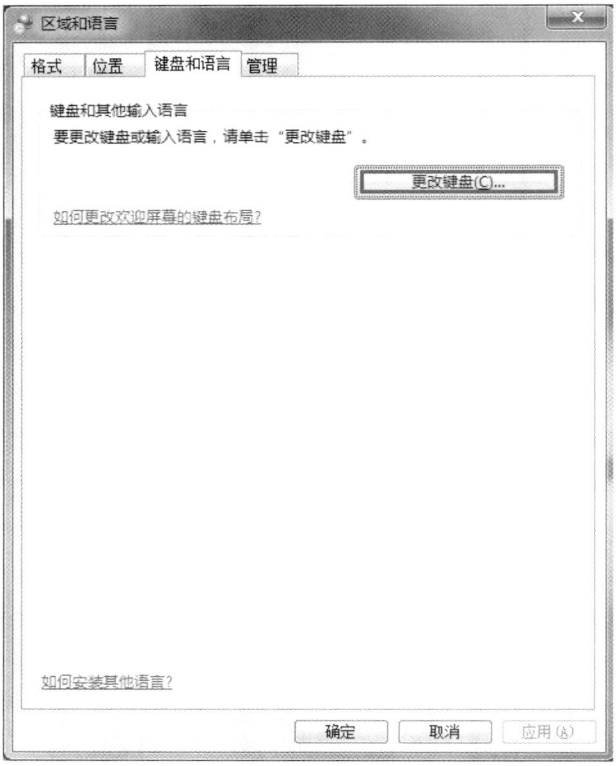

图 3-3 “区域和语言”对话框

④ 进入“文本服务和输入语言”对话框，在“已安装的服务”列表中显示出已经安装的输入法。单击“添加”按钮，如图 3-4 所示。

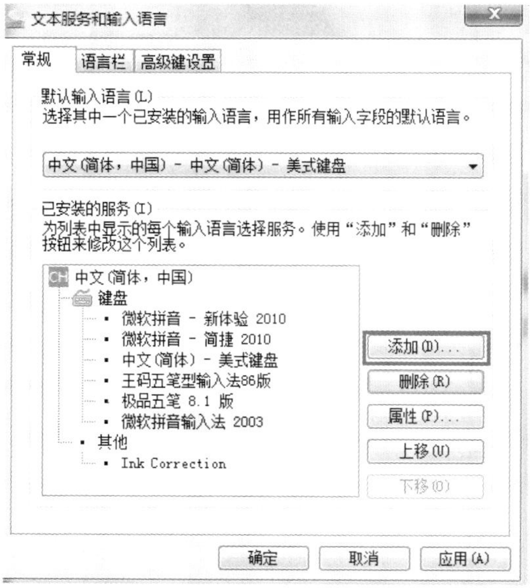

图 3-4 “文本服务和输入语言”对话框

⑤ 进入“添加输入语言”对话框，用鼠标向下拖动滚动条，选择“中文（简体）-微软拼音 ABC 输入风格”复选框，单击“确定”按钮，如图 3-5 所示。

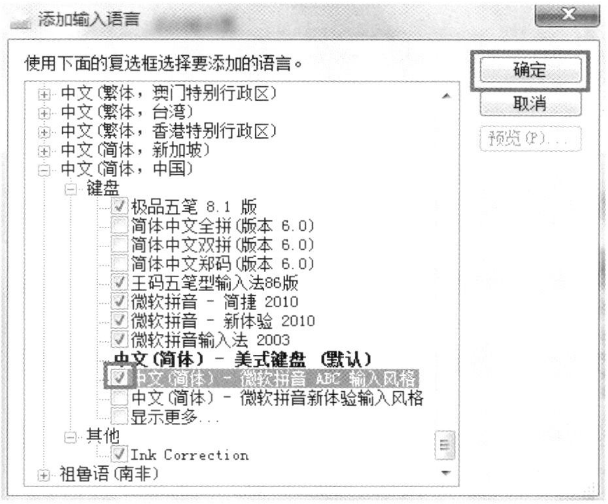

图 3-5　“添加输入语言”对话框

⑥ 依次单击图 3-4 和图 3-3 所示对话框中的“确定”按钮，确认操作。单击“控制面板”右上角的关闭按钮，关闭“控制面板”。

⑦ 单击任务栏右侧“语言栏”中的“键盘布局”按钮，可以看到新安装的微软拼音 ABC 中文输入法，如图 3-6 所示。

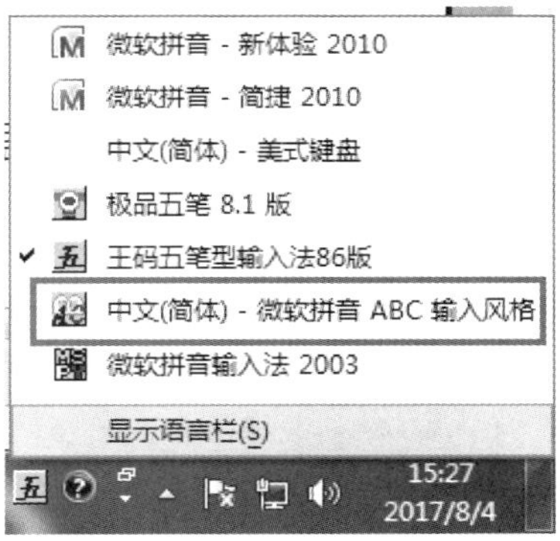

图 3-6　微软拼音 ABC 输入法已经安装

3.1.2　删除输入法

实战任务

任务　删除“微软拼音输入法 2003”

任务描述：

在语言栏有很多输入法的情况下，如果用户并不需要某些输入法，可以根据需求卸载某种输入法。

任务要点:

删除“微软拼音输入法 2003”。

任务实施:

① 将鼠标移到任务栏右侧“语言栏”位置，右键单击“语言栏”，在显示的快捷菜单中单击“设置”命令，如图 3-7 所示。

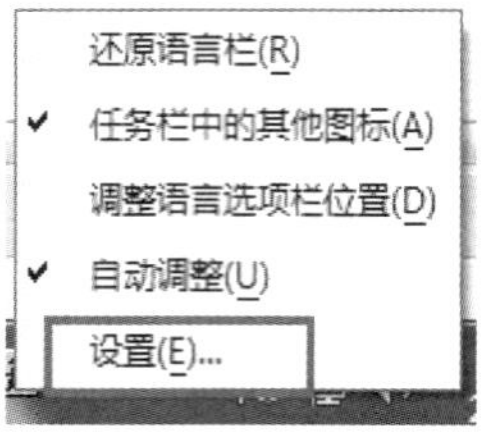

图 3-7 “语言栏”快捷菜单

② 进入“文本服务和输入语言”对话框，在“已安装的服务”列表中单击选定“微软拼音输入法 2003”，然后单击“删除”按钮，将它从列表中删除，如图 3-8 所示。

③ 单击“确定”按钮，确认操作并关闭“文本服务和输入语言”对话框。

④ 单击任务栏右侧“语言栏”中的“键盘布局”按钮，可以看到“微软拼音输入法 2003”已经被删除，如图 3-9 所示。

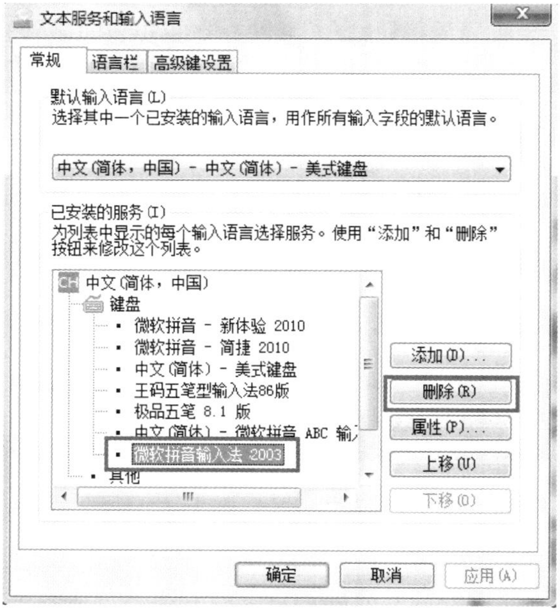

图 3-8 “文本服务和输入语言”对话框

图 3-9 “微软拼音输入法 2003”已经删除

技能与知识点解析

1．语言栏

语言栏是一种工具栏，它提供了从桌面快速更改输入语言或键盘布局的方法。单击按钮可以在已安装的输入语言间切换；单击按钮可以改变键盘布局，在已经安装的输入法之间切换；可以用鼠标拖动语言栏最左侧的移动句柄，将语言栏移动到屏幕的任何位置，也可以单击语言栏右上角的最小化按钮，将其最小化到任务栏。如果没有看到语言栏，可用右键单击任务栏，接着指向“工具栏”，然后单击“语言栏”，使“语言栏”显示。

2．设置默认输入法

用户可以把自己最常用的输入法设置为默认输入法，这样在打字时就可以不必进行输入法切换，直接使用默认输入法。在“文本服务和输入语言”对话框的“默认输入语言”下拉列表框中可以选定一种已经安装的输入法作为默认的输入法，如图 3-10 所示。

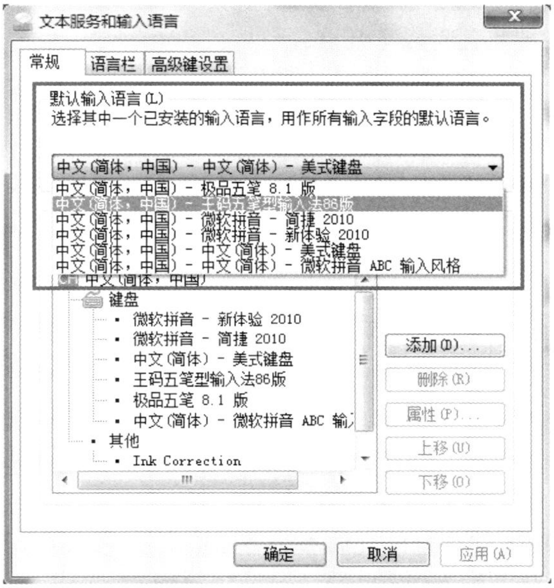

图 3-10　设置默认输入法

探究与实践

练习 1：将“微软拼音 ABC 输入风格”设为默认输入法。

练习 2：添加“中文（繁体，台湾）”输入语言。

3.2　常用中文输入法简介

自 2006 年以后，陆续诞生了很多新的输入法，包括谷歌拼音输入法、搜狗拼音输入法、QQ 拼音输入法等，加上以前的微软拼音、紫光拼音、自然码、智能狂拼，以及多种五笔输入法和形码、音形码等，共同构成了网络时代多样化中文输入法家族。下面简单介绍几种常用的中文输入法。

3.2.1 搜狗拼音输入法

知识要点

搜狗拼音输入法（简称搜狗输入法、搜狗拼音）是 2006 年 6 月由搜狐公司推出的一款 Windows 平台下的汉字拼音输入法。搜狗拼音输入法是基于搜索引擎技术的、特别适合网民使用的新一代的输入法产品，用户可以通过互联网备份自己的个性化词库和配置信息。与整句输入风格的智能狂拼不同的是它偏向于词语输入特性，为中国国内现今主流汉字拼音输入法之一，奉行永久免费的原则。

搜狗拼音输入法的主要特色有以下几点。

① 网络新词：搜狐公司将网络新词作为搜狗拼音最大优势之一。鉴于搜狐公司同时开发搜索引擎的优势，搜狐声称在软件开发过程中分析了 40 亿网页，将字、词组按照使用频率重新排列。在官方首页上还有搜狐制作的同类产品首选字准确率对比。用户使用表明，搜狗拼音的这一设计的确在一定程度上提高了打字的速度。

② 快速更新：不同于许多输入法依靠升级来更新词库的办法，搜狗拼音采用不定时在线更新的办法。这减少了用户自己造词的时间。

③ 整合符号：这一项同类产品中也有，如拼音加加。但搜狗拼音将许多符号表情也整合进词库，如输入“haha”得到“^_^”。另外还提供一些用户自定义的缩写，如输入“QQ”，则显示“我的 QQ 号是 XXXXXX”等。

④ 笔画输入：输入时以“u”做引导可以“h”（横）、“s”（竖）、“p”（撇）、“n”（捺，也做“d”（点））、“t”（提）用笔画结构输入字符。值得一提的是，竖心的笔顺是点点竖（nns），而不是竖点点。

⑤ 手写输入：最新版本的搜狗拼音输入法支持扩展模块，联合开心逍遥笔增加手写输入功能，当用户按 u 键时，拼音输入区会出现“打开手写输入”的提示，或者查找候选字超过两页也会提示，单击可打开手写输入（如果用户未安装，单击会打开扩展功能管理器，可以单击安装按钮在线安装）。该功能可帮助用户快速输入生字，极大地增加了用户的输入体验。

⑥ 输入统计：搜狗拼音提供一个统计用户输入字数和打字速度的功能。但每次更新都会清零。

⑦ 输入法登录：可以使用输入法登录功能登录搜狗、搜狐、chinaren、17173 等网站会员。

⑧ 个性输入：用户可以选择多种精彩皮肤，更有每天自动更换一款的<；皮肤系列>；功能。最新版本按 i 键可开启快速换肤。

⑨ 细胞词库：细胞词库是搜狗首创的、开放共享、可在线升级的细分化词库功能。细胞词库包括但不限于专业词库，通过选取合适的细胞词库，搜狗拼音输入法可以覆盖几乎所有的中文词汇。

⑩ 截图功能：可在选项设置中选择开启、禁用和安装、卸载。

3.2.2 QQ 拼音输入法

知识要点

QQ 拼音输入法（简称 QQ 拼音、QQ 输入法）是 2007 年 11 月 20 日由腾讯公司开发的一款汉语拼音输入法软件，运行于 Windows、Mac 等系统下。是类似于我们常用的智能 ABC 的一种中文简体文字输入法，腾讯公司表示此软件“速度快，占用系统资源小，是最好的输入法，减少损耗，达到最优的性能”。

与大多数拼音输入法一样，QQ 拼音输入法支持全拼、简拼、双拼三种基本的拼音输入模式。而在输入方式上，QQ 拼音输入法支持单字、词组、整句的输入方式。在基本字句的输入操作方面，QQ 拼音输入法与常用的拼音输入法无太大的差别。它默认显示五个候选字，以横向的方式呈现；最多可同时显示九个候选字，可以改变为纵向显示候选字，这给原来使用智能 ABC 一类输入法的用户带来了方便。

QQ 拼音输入法的特点如下。

① 提供多套精美皮肤，让书写更加享受。

② 输入速度快，占用资源小，轻松提高打字速度 20%。

③ 最新最全的流行词汇，适合在任何场合使用，是最适合在聊天软件和其他互联网应用中使用的输入法。

④ 用户词库网络迁移绑定 QQ 号码、个人词库随身带。

⑤ 智能整句生成功能，打长句子不费吹灰之力，得心应手。

3.2.3 五笔输入法

知识要点

五笔字型输入法（简称五笔）是王永民在 1983 年 8 月发明的一种汉字输入法。因为发明人姓王，所以也称为“王码五笔”。五笔字型完全依据笔画和字形特征对汉字进行编码，是典型的形码输入法。

五笔是目前中国及一些东南亚国家如新加坡、马来西亚等最常用的汉字输入法之一。五笔相对于拼音输入法具有重码率低的特点，熟练后可快速输入汉字。

五笔输入法自 1983 年诞生以来，共有三代定型版本：第一代的 86 版、第二代的 98 版和第三代的新世纪版（新世纪五笔字型输入法），这三种五笔统称为王码五笔。至于 WB18030，其核心编码仍是第一代的 86 版，它是 86 版的一个修正版。目前影响最大、流行最广的是 86 版五笔编码方案。新设计的字根体系更加符合分区划位规律，更加科学易记而且实用，拆字更加规范，取码输入更加得心应手。

三个版本的五笔有很多共同之处，只有少数字根或字根分布不同，但大部分汉字的编码都没有改，编码规则也保持一致，只要记住少数变动的字根，专门挑那些“编码”不同的字练上几天，就可以由原来熟悉的五笔版本过渡到新版五笔。王永民教授认为，如果是新学五笔字型的人，最好能“一步到位”学习第三代（新世纪版）。

其他五笔如极点五笔、万能五笔、海峰五笔、智能五笔、龙文五笔、QQ 五笔、搜狗五笔，都是个人或企业所开发的五笔输入法软件，但大部分采用 86 版五笔编码标准，所以编码规则、文字输入与王码五笔相同。上面列举的各类五笔与王码的区别主要是软件的稳定性和软件的拓展功能不相同。

五笔输入法的优势有以下几点。

① 打字如写字，轻松不用找：打出一个字的过程与手写极为相似；只打单字就可以达到 60～120 字/分钟的速度（远比手写轻松、快捷）；基本不用选字，可以让思维专注于要写的文

章内容上。

② 汉字拼积木，语文步步高：如果把字根比作“汉字积木”，用五笔打字就成了类似儿童拼积木一样的游戏。不但对大脑有益，同时对语文汉字教学的意义也十分重大。如“美”，是“丷+王+大”，而不是有些同学写的“丷+四横+人”。“尴”的半包围部分是尢，而并非“九”。其实，为了改掉孩子的一个错字习惯而让他抄写十遍，还不如用五笔打十遍的效果好，所用的时间也更短。用五笔打字，相当于请了一位免费的语文老师。

③ 与拼音类输入法相比：五笔只打单字，就可以达到手写无法企及的速度（打单字的速度才是真实而有意义的速度）；拼音却不得不通过尽可能多地打词语来达到相同的速度。使用者始终需要监视计算机与人脑是否想得一致，因此无法彻底解放写作者的思维与眼球。拼音与五笔，就像跑步和骑自行车的关系一样。

④ 与语音类输入法相比：五笔的应用范围更广，而语音输入不可避免会受到场合、时间、方言及多音字等方面的影响，不适合人多或嘈杂的地方，比如课堂；既可能相互之间产生干扰，也可能打扰别人的休息或工作。

⑤ 与录音（或摄像）相比：用五笔打出的文字，可以直接阅读、编辑或打印，计算机甚至可以朗读。而录音 10 个小时，要听一遍必定要再花 10 个小时。若要整理成文字，至少还需要比 10 小时更多的时间。

⑥ 与手写类输入法相比：五笔只打单字就比手写速度快，准确率高，也更节省眼力。手写输入等于又回到了没有计算机的时代。手写输入法只解决了计算机输入汉字的“能”与“不能”的问题，并没有考虑效率问题。即使计算机技术再发展，顶多也只能达到跟在纸上手写一样的速度，与五笔根本无法相提并论。

⑦ 与整页扫描识别输入相比：严格地讲，扫描输入只是处理已有（现成）文稿的一种技术手段。即扫描识别已有的文稿——不论手写的也好，打出来或印在书上的也罢，都只是对自己或者他人已有成果的一种技术处理，并非原创性的文字生产。

⑧ 与笔画类输入法相比：五笔以“字块”组字，显然比用单个的笔画组字更加直观，也更有效率。例如，我们可以轻易地说出“明”字是由“日”和“月”两个字根组成的，但却无法一口说出它有多少笔画。

另外，五笔字形作为专业打字员的第一选择，优势之一就是纯形码拆字，不考虑字的读音，即使不认识这个字也可以打出来。还有，打五笔熟练到一定程度，可以达到“眼见手拆”的境界，眼睛看到文稿上的字，手下意识的就会打出来，脑子里不用再考虑如何拆分它，也不用去考虑按了哪几个键，这样就能保证使用五笔可以长时间高效率地打字。

3.3 文本编辑与汉字录入

3.3.1 用记事本进行文本编辑

知识要点

在 Windows 操作系统中，记事本是一个小的应用程序，采用一个简单的文本编辑器进行文字信息的记录和存储。其存储文件的扩展名为.txt，文件属性没有任何格式标签或者风格，记事本的特点是只支持纯文本，所以相当适合在 DOS 环境中编辑。

实战任务

任务　用记事本进行文本编辑

任务描述：

在 Windows 7 中，可以使用“记事本”查看文本文档，也可以利用“记事本”建立新的文本文档来保存自己感兴趣的文字信息。在本任务中，新建一个文本文档，将已有文档“素材 3-1”中的文本复制到新文档中。编辑后保存新文档，文件名为“我的作业.txt”，保存位置为“我的文档”。

任务要点：

（1）打开“记事本”，并观察“记事本”的工作界面；

（2）打开已有文本文档；

（3）利用“剪贴板”复制文本；

（4）创建并编辑新的文本文档；

（5）保存文本文档。

任务实施：

① 单击“开始→所有程序→附件→记事本”，打开“记事本”，如图 3-11 所示。

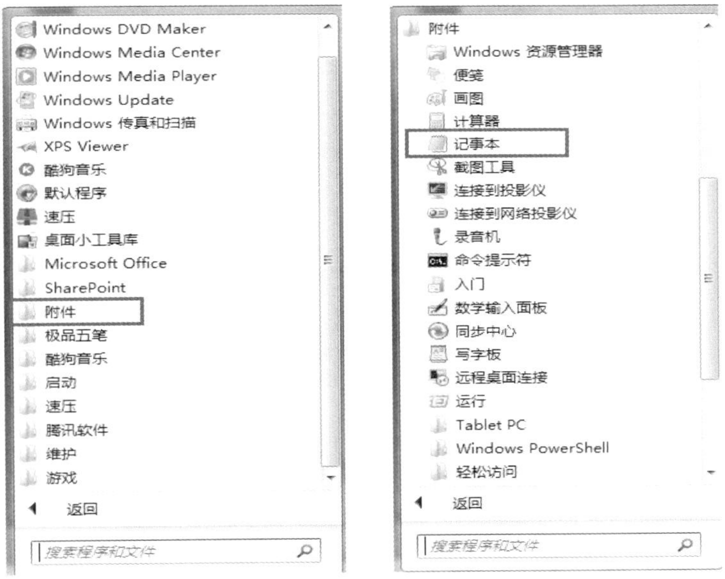

图 3-11　从“开始”菜单打开“记事本”

② 观察“记事本”的工作界面，“记事本”的工作界面很简洁，只有“标题栏”“菜单栏”“工作区”三部分。可以在“工作区”中进行文本编辑，当前“工作区”处于空白状态，如图 3-12 所示。

③ 单击记事本中的“文件→打开”菜单命令，在“打开”对话框的左窗格中单击“计算机”，在右窗格中会出现计算机中的所有磁盘，在右窗格中打开“WIN7 应用基础/第三章素材”文件夹（假定素材文件夹放在桌面上，可以依次双击“桌面”和“WIN7 应用基础/第三章素材”文件夹，在地址栏中会显示出当前位置“ ▸桌面 ▸WIN7 应用基础 ▸第三章素材”），此时右窗

格中会显示出“第三章素材”文件夹中的已有文本文档，选定“素材 3-1”文档，单击“打开”按钮，如图 3-13 所示。

图 3-12　“记事本”工作界面

图 3-13　“打开”对话框

④ 在打开的“素材 3-1”文档中，拖动鼠标选定其中全部文本，然后单击“编辑→复制”菜单命令，将文本复制到“剪贴板”，如图 3-14 所示。

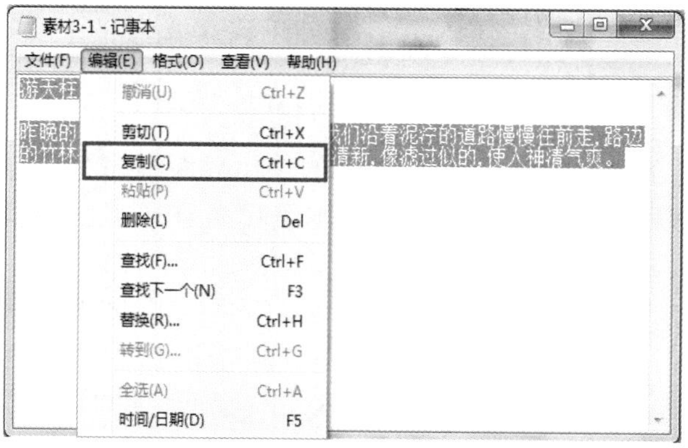

图 3-14　复制素材文件中的文本

⑤ 单击“文件→新建”菜单命令，创建新的文本文档，然后单击“编辑→粘贴”菜单命令，将“剪贴板”中的文本粘贴到新文档中，当前新文档中的文本内容与“素材 3-1”中的文本内容相同。

⑥ 单击“文件→保存”菜单命令，打开“另存为”对话框，输入文件名“我的作业. txt”，默认的保存类型为“文本文档（*.txt）”，默认的保存位置为“我的文档”。利用“另存为”对话框的左右窗格可以选择保存位置，在左窗格中单击文档左侧的“▷”可以显示文档库中的所有位置。单击“保存”按钮，保存编辑过的新文档，如图 3-15 所示。

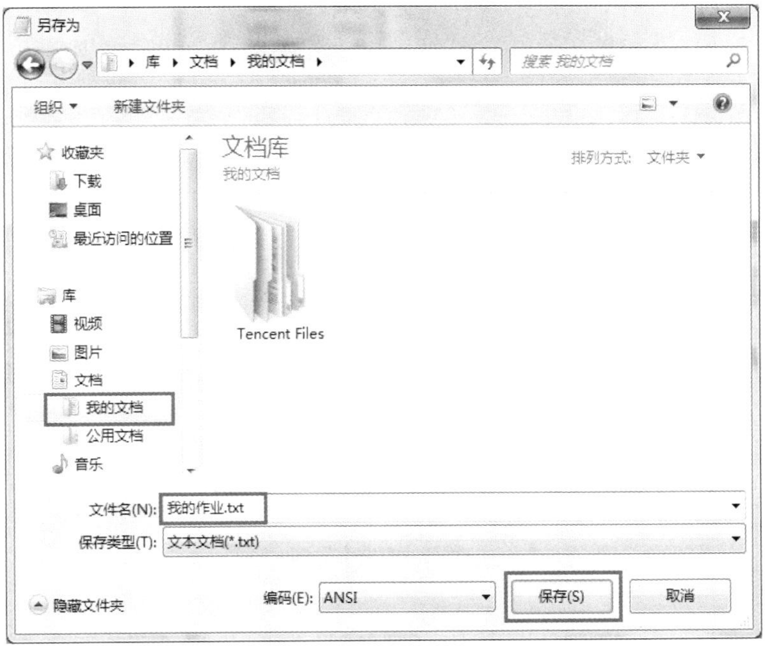

图 3-15　“另存为”对话框

⑦ 保存文档后，在标题栏中会显示出文件名，如图 3-16 所示。单击“文件→退出”菜单命令，可以退出“记事本”程序。

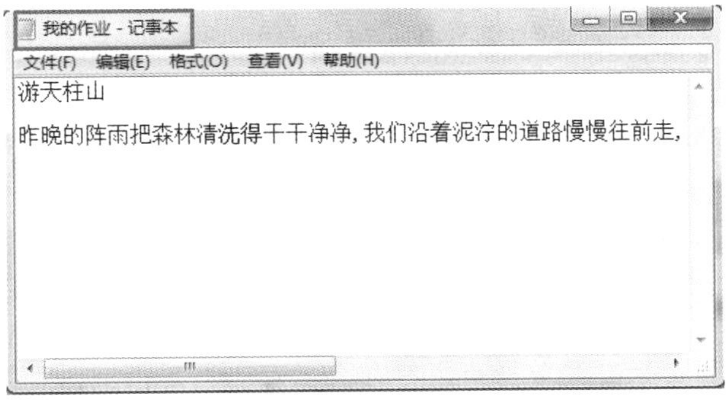

图 3-16　保存过的“我的作业. txt”文档效果

3.3.2 应用五笔输入法在文本文档中输入汉字

实战任务

任务　应用五笔输入法在文本文档中输入汉字

任务描述：

继续编辑 3.3.1 节中建立的任务文档“我的作业. txt”，使用五笔输入法输入汉字，并将文档以“游天柱山”为名保存。

任务要点：

（1）打开文本文档；

（2）选择与切换中文输入法；

（3）使用五笔输入法输入汉字；

（4）换一个名字保存文件副本。

任务实施：

① 在资源管理器中双击打开文本文档“我的作业. txt”，单击文档的结尾，定位插入点。

② 单击“语言栏”中的“键盘布局”按钮，单击选择输入法“王码五笔输入法 86 版”（也可以使用快捷键切换至该输入法），王码五笔输入法的状态条将出现在语言栏上，如图 3-17 所示。

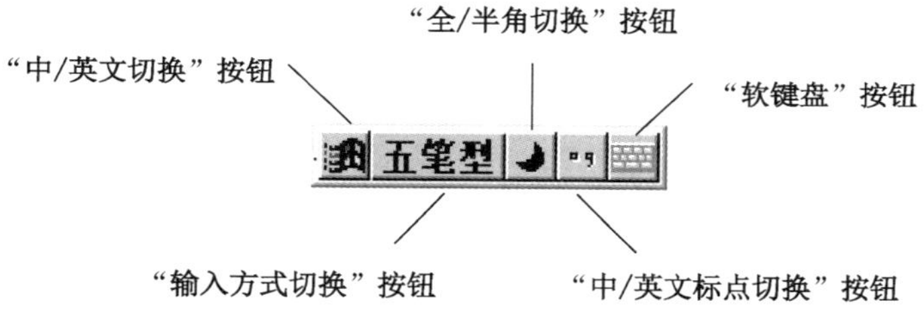

图 3-17　王码五笔输入法的状态条

③ 五笔字型输入法利用汉字的字型特征编码，是形码输入，它将汉字拆分成若干块，无论多么复杂的汉字，最多只需击 4 键即可输入计算机，重码率低，简码多，词组多，汉字输入效率很高。例如，输入单字“我”，因为其是一级简码字，所以只需敲击“Q”即可，如果正确，可以按空格或者数字键“1”来选择，如图 3-18 所示。可以按“加号”和“减号”或者 PageDown 键和 PageUp 键翻页来查看更多的候选，用鼠标单击候选窗口右侧的“◂”和“▸”也可以实现翻页。

④ 王码五笔输入法在输入词组的时候，只需敲击组成词组的字的首个或首两个字根编码即可，无论两字词组还是多字词组，最多只需敲击 4 键。例如，输入词组“高大”，需敲击“YMDD”，“高大”这个词就自动输入，也可只敲击“YMD”，然后选择 3，如图 3-19 所示。

⑤ 单击“文件→另存为”菜单命令，打开“另存为”对话框，利用王码五笔输入法输入文件名“游天柱山”，默认的保存类型为“文本文档（*.txt）”，默认的保存位置为“我的文档”，如图 3-20 所示。

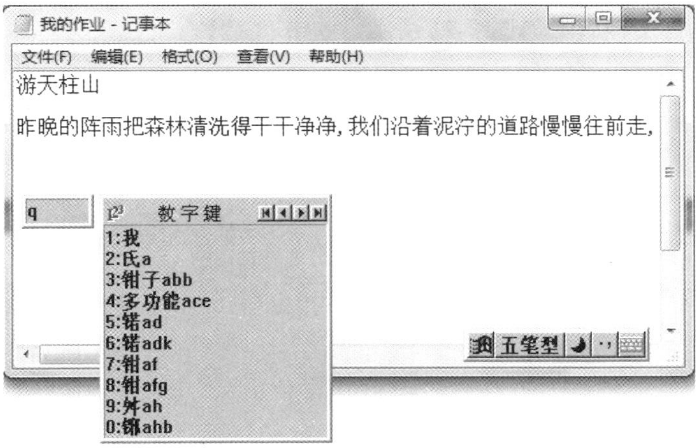

图 3-18　使用王码五笔输入法输入单字

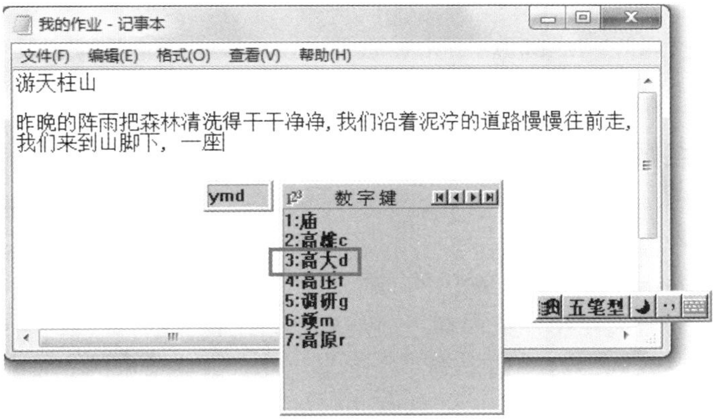

图 3-19　使用王码五笔输入法输入词组

图 3-20　以中文名另存文档

⑥ 保存文档后，文档效果如图 3-21 所示。单击“文件→退出”菜单命令，退出“记事本”程序。

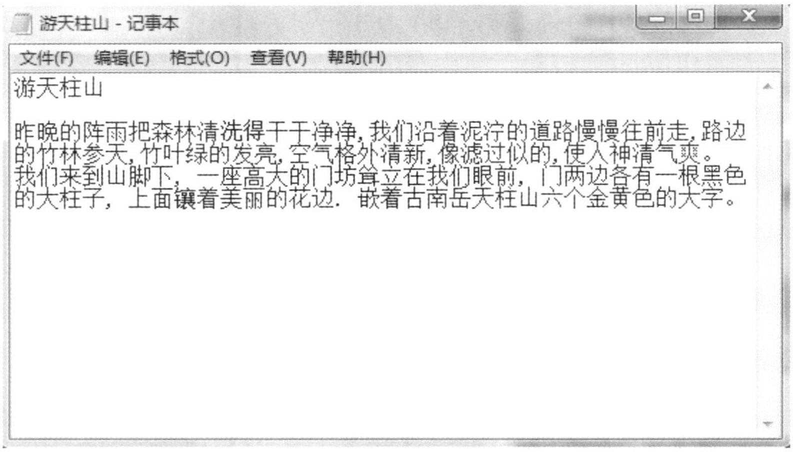

图 3-21　编辑后的文档效果

技能与知识点解析

1．剪贴板

剪贴板是指 Windows 操作系统提供的一个暂存数据并且提供共享的一个模块，也称为数据中转站。剪贴板在后台起作用，在内存里，是操作系统设置的一段存储区域，是在硬盘里找不到的。只要在文本输入的地方按快捷键“Ctrl+V”或右键菜单中的“粘贴”就出现了，新的内容送到剪贴板后，将覆盖旧的内容。即剪贴板只能保存当前的一份内容，因为在内存里，所以计算机关闭或重启时保存在剪贴板中的内容将丢失。

剪贴板的操作也可以使用快捷键，“Ctrl+X”对应“剪切”命令，“Ctrl+C”对应“复制”命令，“Ctrl+V”对应“粘贴”命令。

2．输入法操作常用热键

在输入过程中使用热键，手指不必频繁离开键盘进行鼠标操作，可以有效地提高输入效率。在默认情况下输入法热键设置如下：

“Ctrl+Shift”可以实现在英文及各种中文输入法之间进行切换；

“Ctrl+空格”可以实现在选定的中文输入法和英文之间进行反复切换；

“Shift+空格”可以实现全角/半角切换；

“Ctrl+ .”可以实现中/英文标点切换。

3．软键盘

所谓的软键盘并不是在键盘上的，而是在“屏幕”上，软键盘是通过软件模拟键盘，通过鼠标单击输入字符，是为了防止木马记录键盘输入的密码，一般在一些银行的网站上要求输入账号和密码的地方容易看到。单击王码五笔输入法状态条上最右侧的按钮打开软键盘，相应的软键盘会显示在屏幕上，可以敲击对应键盘上的按键或用鼠标在软键盘上以单击方式键入所需要的字符。软键盘使用后，再单击王码五笔输入法状态条上最右侧的按钮，可以关闭软键盘恢复键盘的正常输入状态，如图 3-22 所示。

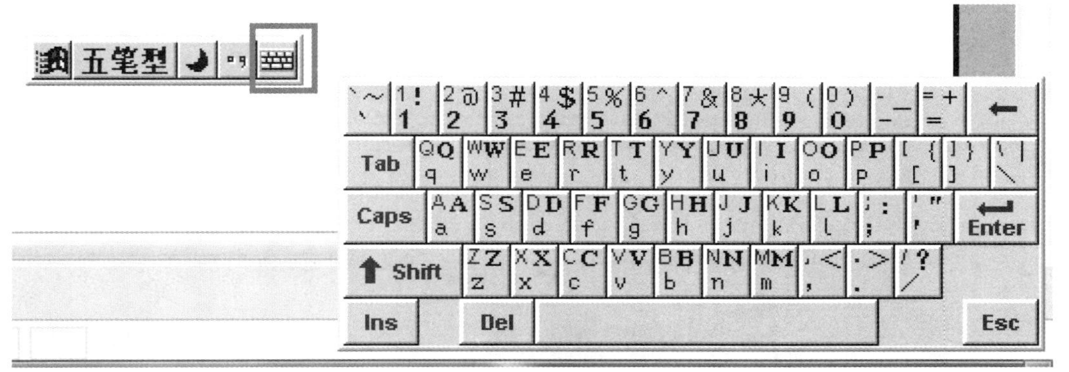

图 3-22　软键盘的选择和使用

4．王码五笔输入法属性设置

鼠标右击王码五笔输入法状态条，再单击“设置”，打开属性设置对话框如图 3-23 所示，有 5 个复选项可供选择，其具体含义如下。

词语联想：选中该项，表示允许词语联想，否则表示取消联想。

词语输入：选中该项，表示允许字词混合输入，否则表示取消词语输入。

逐渐提示：选中该项，表示允许检索提示，否则表示不允许。通常只有在出现重码时才出现选择提示。

外码提示：选中该项，表示外码提示有效，否则表示无效。

光标跟随：选中该项，表示词语选择框随插入点光标一起移动，否则表示词语选择框不随光标移动，此时用户可以将词语选择框拖到屏幕上比较合适的位置，以便输入文字。

5．王码五笔输入法个性化设置——手工造词

启动输入法后，用鼠标右键单击输入法状态窗口，在菜单中选择“手工造词”，屏幕上会弹出“手工造词”对话框，在此输入新的词语，系统会自动编码，如图 3-24 所示。

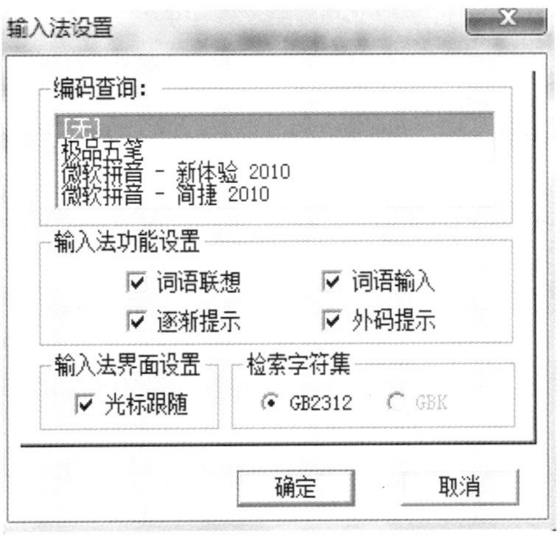

图 3-23　设置王码五笔输入法属性

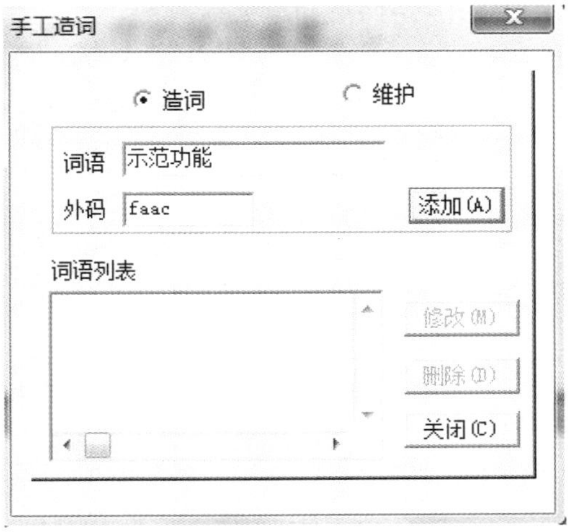

图 3-24　手工造词

探究与实践

练习 1：按自己的输入习惯设置王码五笔输入法，如词语联想、逐渐提示、手工造词等。

练习 2：在“桌面\WIN7 应用基础/第三章素材”中创建文本文档“龟兔赛跑.txt”，使用王码五笔输入法输入文本，并保存文件，如图 3-25 所示。

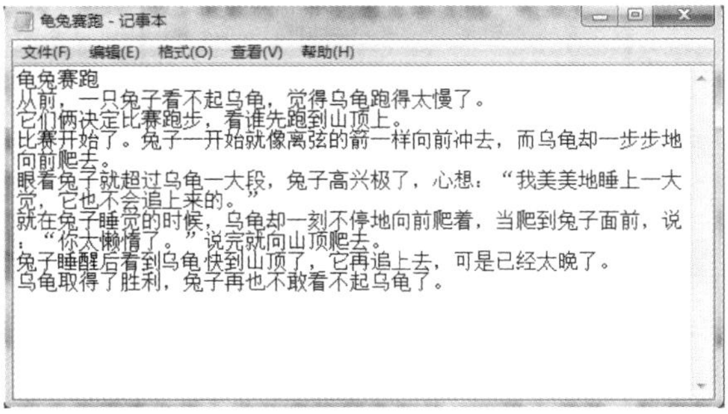

图 3-25　“龟兔赛跑.txt”文档效果

练习 3：安装并应用其他输入法如微软拼音智能 ABC 输入风格，利用帮助文件自学输入法的使用规则，对比不同输入法的异同。

3.4　技能与知识巩固

3.4.1　技能演练

在桌面创建文本文档“技能训练.txt”，使用拼音输入法输入文本，记录输入时间并保存文件，如图 3-26 所示。

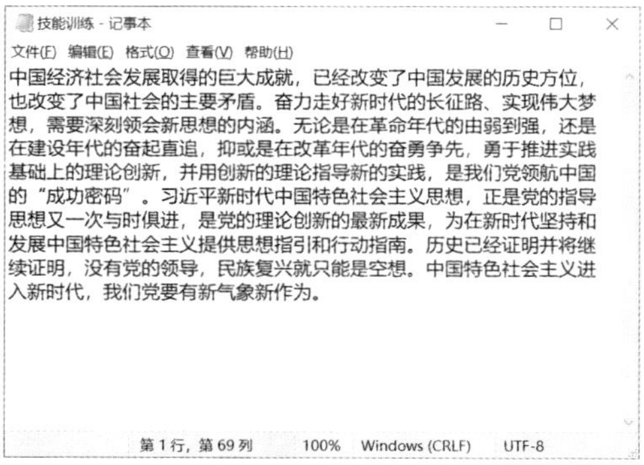

图 3-26　“技能训练.txt”文档效果

3.4.2　知识强化

一、填空题

1．如果用户需要的输入法没有出现在语言栏中，则表示计算机上没有安装该输入法，此时需要使用“控制面板”中的__________选项下的“更改键盘或其他输入法”来添加输入法。

2．“记事本”是用来编辑_______文件的应用程序，用“记事本”创建的文件扩展名为________。

3．打开“记事本”程序时单击鼠标的顺序为：开始→_________→________→记事本。

二、选择题

1．以下输入法中为 Windows 7 自带的输入法是（　　）。

A．搜狗拼音输入法　　B．QQ 拼音输入法

C．陈桥五笔输入法　　D．微软拼音输入法

2．各种中文输入法切换的键盘命令是（　　）。

A．Ctrl+空格　　B．Shift+空格　　C．Ctrl+Shift　　D．Shift+Alt

3．中/英文输入切换的键盘命令是（　　）。

A．Ctrl+空格　　B．Ctrl+Alt　　C．Shift+空格　　D．Ctrl+Shift

4．半/全角字符切换的键盘命令是（　　）。

A．Alt+空格　　B．Shift+空格　　C．Ctrl+Esc　　D．Ctrl+A

5．在“记事本”中想把一个文本文件以另一个文件名保存，此时需要选择的菜单命令为（　　）。

A．文件→保存　　B．文件→另存为　　C．编辑→保存　　D．编辑→另存为

三、简答题

1．简述安装和删除输入法的方法。

2．你所知道的输入法有哪些？请简单说明并比较一下。

第 4 章

方便快捷使用附件程序

在 Windows 7 中内置了大量的附件程序。与以往版本的 Windows 内置附件相比，Windows 7 的附件程序不但在功能上有了很大的升级，还增添了一些新的附件程序，可以完成计算、绘图、截图、数学公式输入等常用的信息处理操作。

学习要点

- 计算能手——计算器
- 绘图助手——画图
- 截屏高手——截图工具
- 记录日常事项帮手——便笺
- 数学公式输入快手——数学输入面板

4.1 计算能手——计算器

知识要点

Windows 7 系统自带的计算器比大多数人正在使用的 Windows XP 自带的计算器功能强大多了，在功能设计上做了很大的改进，除了做简单的加减乘除、根号、倒数等运算，还增加了体积、长度、重量、温度、能量转换器。

实战任务

4.1.1 标准型计算器运用

任务　计算表达式（625-270）*（18+24）的值

任务描述：

对于有两个以上运算符号且又不能从左至右按序进行的较复杂算式，由于系统不识别运算符号的优先级别，所以需要利用计算器的存储功能进行运算。通过这个任务能够熟悉计算器的基本操作，理解计算器的存储功能。

任务要点：

（1）启动计算器，观察计算器程序的工作界面；

（2）在计算器中进行常用的算术运算；

（3）使用计算器的存储功能。

任务实施：

① 单击“开始→所有程序→附件→计算器”，打开“计算器”，如图 4-1 所示。

图 4-1　计算器的标准型模式

提示：计算时可使用鼠标单击按钮进行操作，也可在键盘的数字键区呈开启状态时，通过数字键区的按键进行操作。计算器上的部分按钮功能如下：

[CE] 按钮的功能是清除当前显示的数值，例如要计算 35×25，输入 35 后，单击“*”按钮，再输入第二个数，本来应输入 25，但不小心输成了 55，此时单击“CE”按钮即可将 55 清除，接着输入正确的值 25，最后单击“=”按钮即可完成计算。

[C] 按钮的功能是清除算式，即清除所有的数据（包括输入的数字、运算中间值或结果值），实现计算器清零。

[MC] 清除存储器中的数值。

[MR] 将存于存储器中的数值显示在计算器的显示框上。

[MS] 将显示框的数值存于存储器中。

[M+] 将显示框的数值与存储器中的数值相加并进行存储。

[M-] 将显示框的数值与存储器中的数值相减并进行存储。

② 先输入 625，按 MS 保存，再输入 270，按“M-”与缓存器中的 625 相减，此时缓存器中的值为 355。

③ 然后计算 18+24，得出结果为 42。

④ 输入“*”相乘，按“MR”读出之前保存的数 355，按“=”得出结果 14910。

⑤ 算完后按“MC”清除缓存器。

4.1.2 计算器扩展应用

任务 计算贷款月还款额

任务描述：

假设需要购买一套价值 60 万人民币的房屋，首付款为 20 万人民币，其他的费用采用公积金贷款（年利率 3.87%）。假设家庭月收入是 5 千元人民币，现在想计算一下，如果还款年限为 30 年，能否满足公积金管理中心月还款额度不超过家庭月收入一半的硬性要求。

任务要点：

（1）在计算器中正确选择操作命令；

（2）正确设置运算所需的参数。

任务实施：

① 单击“开始→所有程序→附件→计算器”，打开“计算器”。

② 单击“查看”菜单，指向“工作表”，然后单击“抵押”，在右窗格“选择要计算的值”中选择“按月付款”；在“采购价”文本框里输入房屋总价 600000；在“定金”文本框中输入房屋首付款 200000；在“期限（年）”文本框中输入还款年限 30；在“利率（%）”文本框中输入公积金贷款利率 3.87，然后单击“计算”按钮，即可计算出每月还款额是 1879.8 元，并没有超出家庭月收入的一半，如图 4-2 所示。

图 4-2 使用“计算器”计算贷款月还款额

技能与知识点解析

1. Windows 7 计算器的四种模式简介

Windows 7 的计算器功能比以往的 Windows 版本有了大幅提升，包含“标准型”“科学型”“程序员”“统计信息”四种模式，在“查看”菜单中可以在这四种模式之间切换。

① 标准型模式大致与旧版相似，标准型模式相当于我们日常生活中所用的普通计算器，可进行加（+）、减（-）、乘（*）、除（/）、开方（$\sqrt{\ }$）、百分数（%）、倒数（1/x）等基本算

术计算。标准型模式为计算器的默认模式，如图 4-1 所示。

② 科学型模式相当于我们平时使用的函数型计算器，运算功能更加完善，可计算各种常用函数、双曲函数和反函数等。科学型模式如图 4-3 所示。

图 4-3　计算器的科学型模式

③ 程序员模式顾名思义是针对程序设计师的设计，在程序员模式中可以进行按位逻辑运算和多种数制之间的相互转换。在程序员模式中输入二进制、八进制、十进制或十六进制时，面板都能同时显示二进制，免去以往必须手动置换进制的麻烦，使按位逻辑运算更加方便。程序员模式如图 4-4 所示。

图 4-4　计算器的程序员模式

④ 统计信息模式中加入了很多统计学中经常用到的函数，可以完成求和、求平均值、求平方和、求标准差等统计运算。统计信息模式如图 4-5 所示。

图 4-5　计算器的统计信息模式

2．Windows 7 计算器的其他实用功能

1）单位转换

Windows 7 计算器的单位转换功能非常实用，通过单位转换功能，可以将面积、角度、功率、体积等不同计量进行相互转换。例如，我们经常听到长度单位“码”“海里”等，但是未必每个人都很清楚这些“陌生”的长度单位等于多少。打开计算器，单击“查看”菜单，再单击“单位转换”，然后在右侧的详细窗格里选择要转换的单位类型，如可以选择“长度”，然后选择具体的待转换单位（如“海里”）和目标单位（如“公里”），再指定是多少海里，就会显示出转换结果。例如，显示 1 海里等于 1.852 公里，如图 4-6 所示。

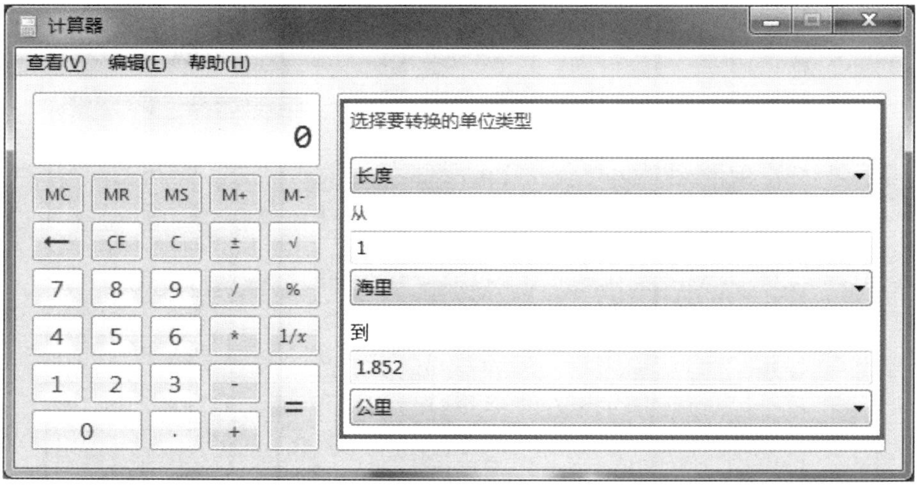

图 4-6　使用计算器进行单位转换

2）日期计算

可以通过计算器的日期计算功能来计算两个日期的间隔、向前追溯或向后推算日期。例如，

要计算某天到五四青年节相隔多少天，首先单击“查看”菜单，再单击“日期计算”，在右侧的详细窗格里选择所需的日期计算类型、设置计算的起始日期和终止日期，然后单击“计算”按钮，就会显示出计算结果，如图 4-7 所示。

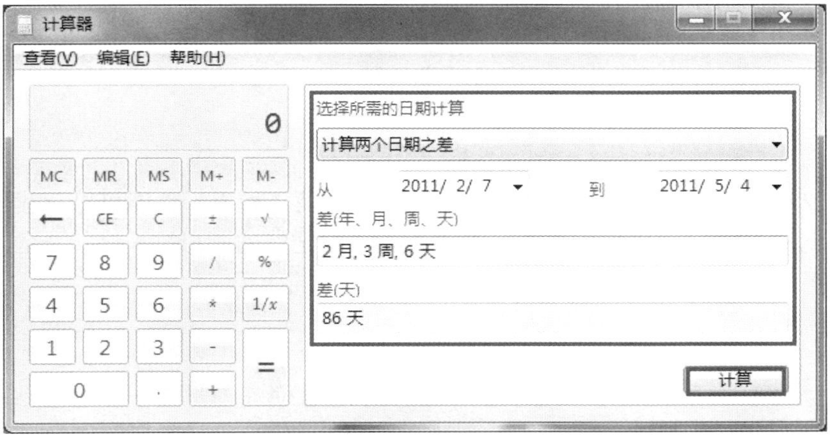

图 4-7　使用计算器进行日期计算

3）工作表计算

除了单位转换和日期计算外，Windows 7 还提供了一些实用工作表来解决实际生活中经常遇到的问题。单击“查看”菜单，再单击“工作表”，可以看到“抵押”“汽车租赁”“油耗 mpg”“油耗（l/100km）”四个工作表，如图 4-8 所示。可以参考 4.1.2 节的任务选择合适的工作表来计算燃料经济性、租金或抵押额。

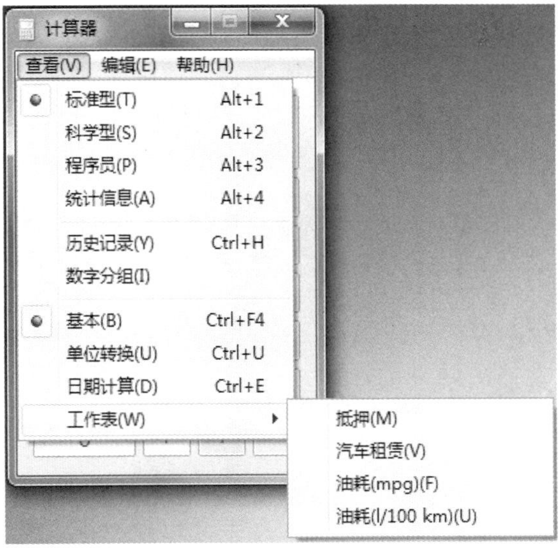

图 4-8　打开计算器工作表

探究与实践

练习 1：一瓶可乐的能量是 108 千卡，是多少焦耳呢？

练习 2：小李想买一辆汽车，总价 10 万元，首付交了 4 万元，贷款 5 年，利率 7.75%，小李每月应向银行还款多少？

4.2 绘图助手——画图

知识要点

Windows 7 中全新的“画图”工具加入了不少新功能，如刷子功能可以让我们更好地进行“涂鸦”，而通过图形工具，我们可以为任意图片加入设定好的图形框。这些新的功能，使得画图功能更加实用，不只是用于涂鸦，而且还有更加实际的应用。

实战任务

4.2.1 认识画图工具

任务　调整、剪裁、旋转图片，以不同角度查看图片。

任务描述：

介绍“画图”工具界面；利用“画图”工具查看图片。

任务要点：

（1）启动“画图”，观察“画图”的工作界面；

（2）掌握利用画图软件打开图片以及查看图片的方法；

（3）利用“图像”功能区工具，对图片进行调整大小、剪裁、以不同方向旋转的操作。

任务实施：

① 单击“开始→所有程序→附件→画图”，打开“画图”，如图 4-9 所示。

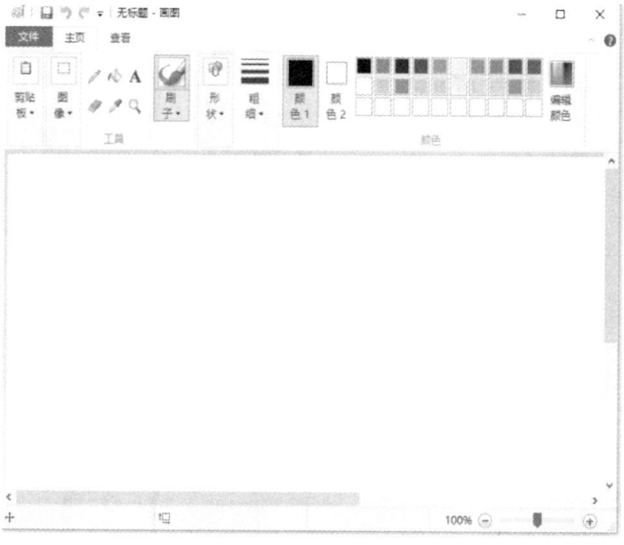

图 4-9　“画图”程序界面

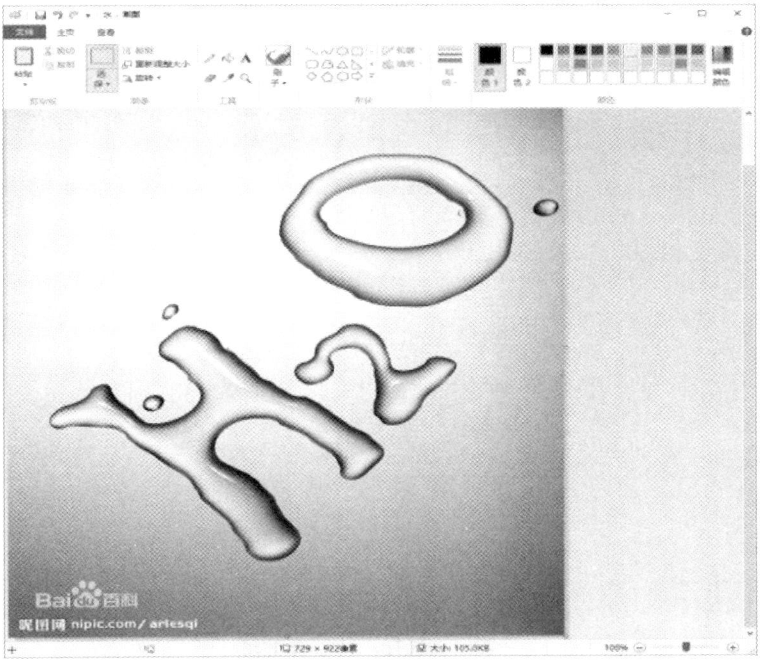

图 4-10　打开图片

② 单击“文件→打开”，选择图片文件所在路径，选择要打开的图片文件，单击“确定”按钮打开，或直接拖动图片到“画图”编辑界面，如图 4-10 所示。

③ 单击“主页→图像→重新调整大小”，选择“依据→百分比→90%”，调整图片大小为在编辑区可完全显示，如图 4-11 所示。

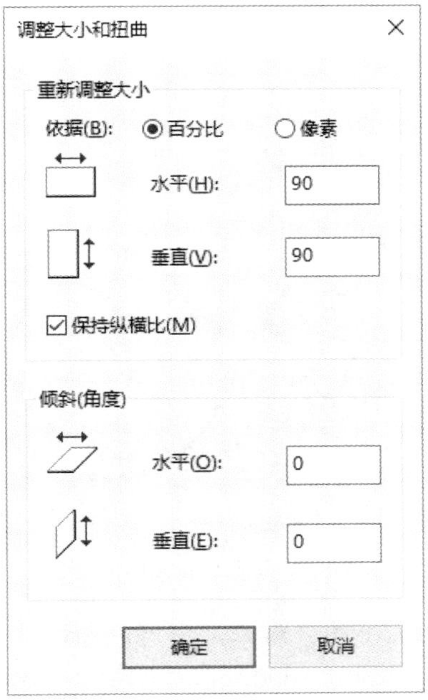

图 4-11　重新调整显示比例

图 4-12　选择图片部分区域

④ 单击“主页→选择→矩形选择→剪裁→旋转→向右旋转 90 度”，如图 4-12 所示。

⑤ 调整后图片如图 4-13 所示，保存文件。

图 4-13　剪裁和旋转后的图片

我们有时候需要更改图片的大小和分辨率，也可以通过画图工具进行简单的修改。例如，在上述任务中修改图片分辨率为 1200×1000，在“调整大小和扭曲”对话框中选择“像素”，同时取消“保持纵横比”的选择，如图 4-14 所示。

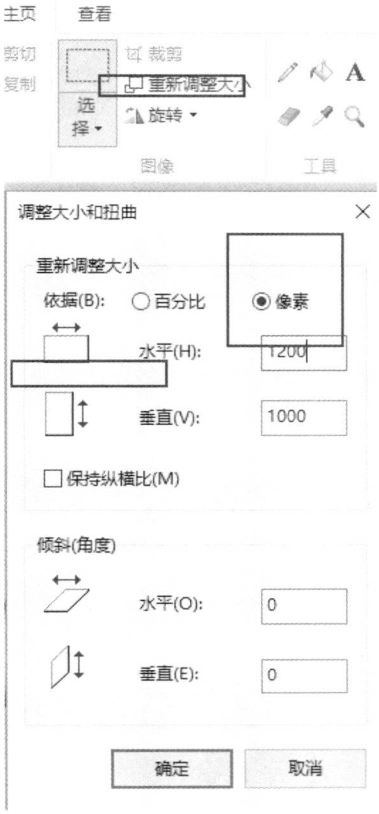

图 4-14　调整和扭曲图片

4.2.2　利用画图工具绘制图片

任务　利用“画图”绘制熊猫图

任务描述：

在绘制图形方面，Windows 7 内置的画图程序提供了很多图形的绘制功能，本任务就利用“画图”程序绘制一幅简单的熊猫画作，了解画图的一般步骤。

任务要点：

（1）使用“形状”中的“圆”形状和“橡皮擦”绘制熊猫；

（2）选择并编辑图片的部分内容；

（3）为图形区域设置填充颜色。

任务实施：

① 单击“开始→所有程序→附件→画图”，打开“画图”。

② 选择“主页→形状→椭圆”，画出熊猫轮廓，如图所 4-15 所示。

③ 单击“工具”组中的“用颜色填充”按钮，然后单击“颜色”组中的“黑色”，此时“颜色 1”被设置成“黑色”，鼠标指针也变成油漆桶形状，单击熊猫需要填黑的部分，如图 4-16 所示。

④ 单击快速访问工具栏中的“保存”按钮，在打开的“保存为”对话框中，输入文件名“熊猫”，默认的保存类型为“PNG”。

图 4-15　绘制轮廓

图 4-16　填充颜色

4.2.3 利用画图工具绘制带文字图片

任务　利用“画图”绘制带文字图片

任务描述：

在文字编辑方面，Windows 7 内置的画图程序提供了简单的文字功能，本任务就利用“画图”程序给图片添加文字。

任务要点：

（1）使用“工具”中的“文本”给图片添加文字；

（2）使用“文本工具”中的“字体”功能区，设置文字字体、字号、字形（加粗、斜体、带删除线、带下画线）；

（3）使用“文本工具”中的“颜色”功能区，设置字体颜色（颜色 1 设置）和背景颜色（颜色 2 设置）；

（4）使用“文本工具”中的“背景”功能区，设置文字背景（透明或不透明）。

任务实施：

① 启动 Windows 自带的“画图”功能：单击屏幕左下角的“开始→程序→附件→画图”，打开画图程序的界面。

② 在“画图”界面中，单击“文件→打开”，在“打开”对话框中选择图片文件所在路径，单击“打开”按钮，在“画图”中打开图片。

③ 单击“主页→工具→文本 A ”，在图片上按住鼠标左键，拖动鼠标画一个矩形虚线框；在虚线框内输入文字，如图 4-17 所示。

图 4-17　输入文字图

④ 单击“文本工具”的“字体”功能区，设置文字的字体为楷体、字形加下画线、字号 28 磅，如图 4-18 所示。

图 4-18 设置字体、字号、字形

⑤ 单击“文本工具”的“颜色”功能区，单击“颜色 1”按钮，选择黑色，设置字体颜色，再单击“颜色 2”按钮，选择红色，设置文字背景颜色（如果背景设置为透明，则颜色不显示），如图 4-19 所示。

⑥ 如不需要背景颜色，可单击“文本工具”的“背景”功能区中的“透明”按钮。检查无误后光标移到虚线框外单击左键确定，如图 4-20 所示。

图 4-19 设置文字颜色、背景颜色

图 4-20 设置文字背景为透明

注意：一旦确定后，输入的内容将无法更改。但是可以单击图片上方的“编辑”按钮，选择“撤销”来撤销前一步的操作，重新输入。

4.2.4　画图工具应用实例

任务　使用“画图”处理照片

任务描述：

使用“画图”程序除了可以即兴涂鸦还可以对照片进行简单的处理，本任务以一张人物照片为素材，制作出有趣的效果。

任务要点：

（1）调整绘图区域大小；

（2）调整图像显示比例；

（3）复制并编辑图像；

（4）插入图形和文本；

（5）调整图片大小；

（6）转换图片文件格式。

任务实施：

① 拖动图片“萌宝宝”到“画图”编辑区，如图 4-21 所示。

图 4-21　打开素材文件“萌宝宝”

② 单击“画图”按钮，然后单击“属性”命令，在打开的“映像属性”对话框中将宽度值改为原来的像素 2 倍，如图 4-22 所示。

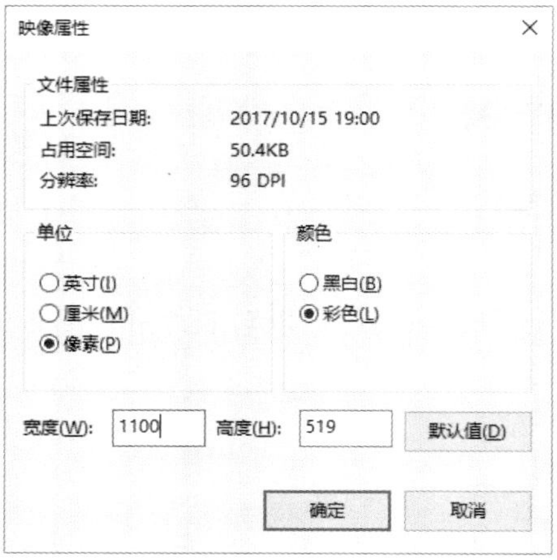

图 4-22 “映像属性”对话框

③ 单击“确定”按钮关闭“映像属性”对话框。此时绘图区域宽度增加一倍，单击任务栏右侧缩放滑块中的“+”或“-”按钮可以改变图像的显示比例。改变图像的显示比例只是为了编辑的方便，并不影响绘图区域的大小，当前图像以 50%比例缩小显示，如图 4-23 所示。

图 4-23 以 50%比例显示图像

④ 单击“图像”组中的“选择”下拉按钮，然后单击“全选”，选定全部图像，再单击“透明选择”，使图像背景色透明，如图 4-24 所示。

⑤ 单击“剪贴板”组中的“复制”，然后单击“粘贴”。此时将全部图像在原处复制了一个副本，但由于没有位移，暂时看不到操作效果。单击“图像”组中的“旋转”，然后单击“水平翻转”，如图 4-25 所示。

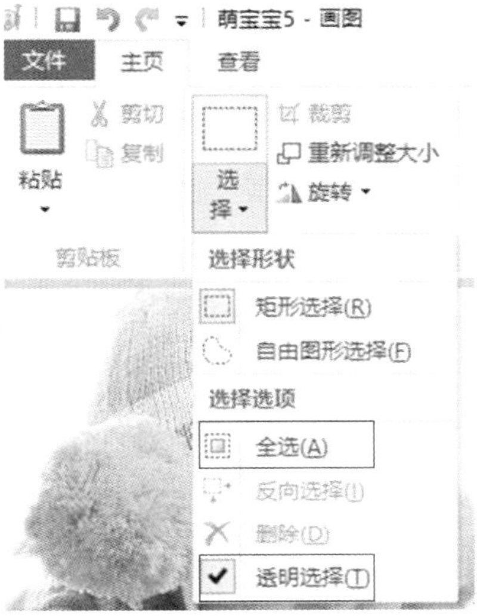

图 4-24　选定全部图像并使背景色透明

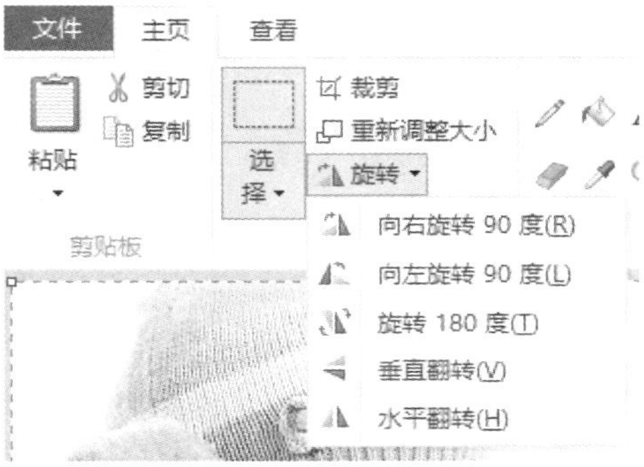

图 4-25　水平翻转图像

⑥ 复制并水平翻转后可以看到画面中出现两个宝宝，如图 4-26 所示。再次调整显示比例，使图像以 100%比例显示。

图 4-26　复制并水平翻转后的图像效果

⑦ 依次单击“形状”组中的“心形”和“颜色”组中的“颜色 1”“红色”，然后单击“形状”组中的“轮廓”，再单击“蜡笔”，设置即将插入的图形为心形，图形轮廓为红色蜡笔效果，如图 4-27 所示。

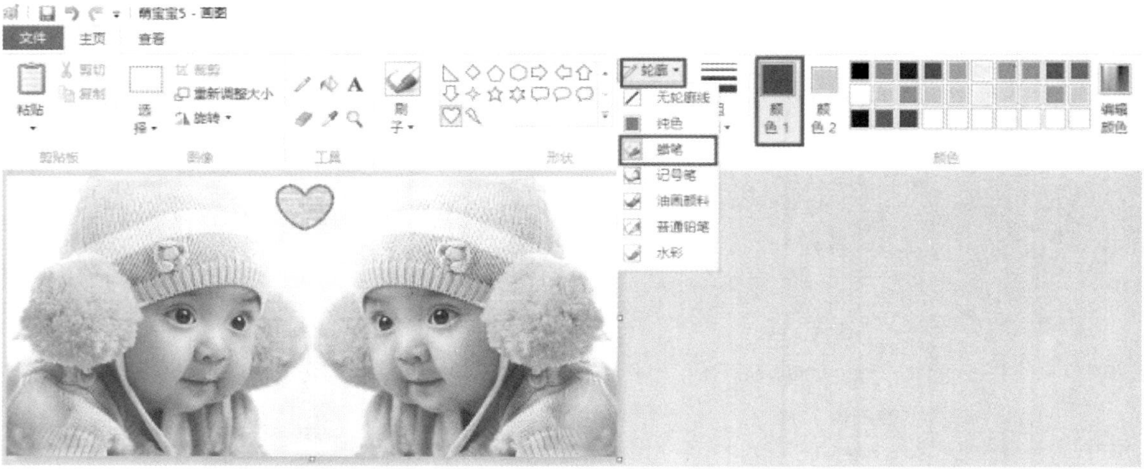

图 4-27　设置图形的形状和轮廓

⑧ 依次单击“颜色”组中的“颜色 2”“玫瑰色”，然后单击“形状”组中的“填充”，再单击“蜡笔”，设置即将插入的心形填充色为玫瑰色蜡笔效果，如图 4-28 所示。

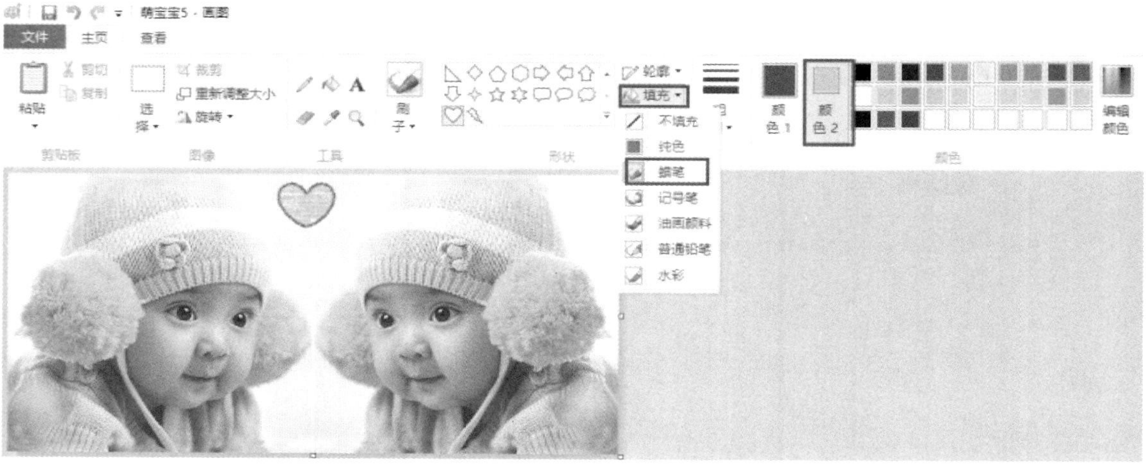

图 4-28　设置心形的填充色

⑨ 拖动鼠标即可插入一个红色轮廓、玫瑰色填充的蜡笔效果心形，适当调整图形的大小和位置。单击“工具”组中的“文本”工具，在心形右侧单击，进入文本编辑状态。

⑩ 编辑文本时会显示“文本工具”，在“文本工具”下，依次单击选择字体“幼圆”、字号“36”、字形“加粗”，默认设置文本背景为“透明”。文本的颜色应为“颜色 1”，当前已经被设置成“红色”。在文本框中输入文本内容“快乐萌宝宝！”，拖动缩放柄让文本框宽窄只有一个字，变成文字竖排，如图 4-29 所示。

图 4-29　插入文本后的效果

⑪ 单击“图像”组中的“重新调整大小”，在打开的“调整大小和扭曲”对话框中可以看到默认保持纵横比、依据百分比调整大小，输入水平值为 75，此时垂直值自动修改为 75，如图 4-30 所示。

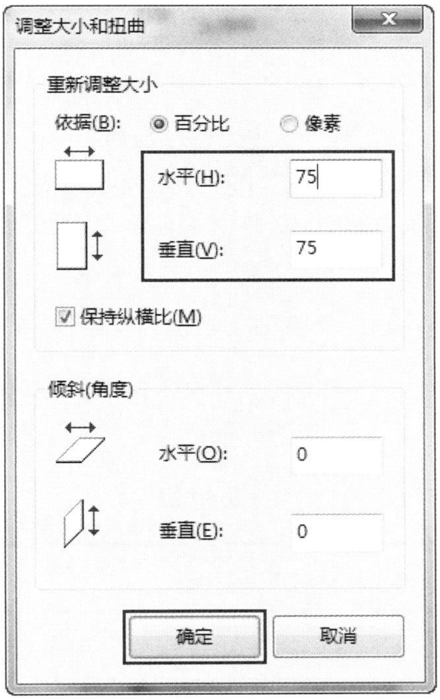

图 4-30　“调整大小和扭曲”对话框

⑫ 单击“确定”按钮，确认操作，此时图片缩小为原图片的 75%，单击快速访问工具栏中的“保存”按钮，保存图像文件。为了方便网络传输，为文件另存一个 JPEG 格式的副本，单击“画图”按钮，在“另存为”级联菜单下单击“JPEG 图片”，如图 4-31 所示。

图 4-31　“另存为”级联菜单

⑬ 在打开的“另存为”对话框中，默认的保存类型为“BMP”，单击“确定”按钮，另存一个 JPEG 格式的同名副本。在资源管理器中打开图片所在文件夹并显示详细信息，如图 4-32 所示。可以看出 JPEG 格式比原来的 BMP 格式文件小很多，图片质量也很好，这种格式更适合网络传输。

图 4-32　比较 BMP 格式和 JPEG 格式文件的大小

技能与知识点解析

1．编辑图片

在“画图”的“主页”选项卡中提供了很多图片编辑的功能按钮，这些按钮分组显示在功能区中，如图 4-33 所示。

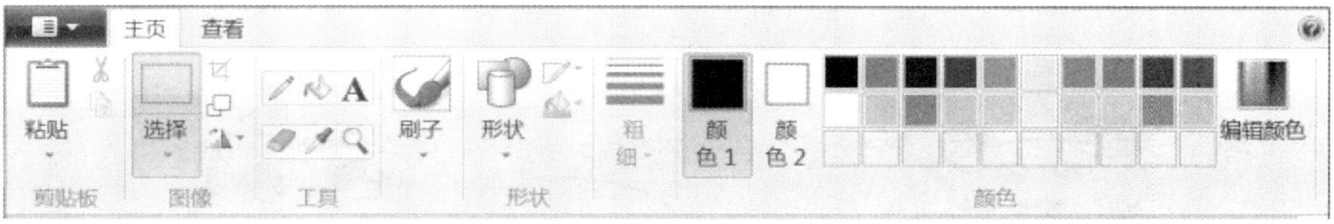

图 4-33　“主页”选项卡的功能区

“剪贴板”组提供常规的剪贴板操作命令，能够实现移动或复制选定图像的操作。

“图像”组提供“选择”命令和一些图像编辑命令。如果希望对图片或对象的某一部分进行更改则需要选择图片中要更改的部分，然后进行编辑。可以进行的编辑操作包括：调整对象大小、旋转对象、裁剪图片。

“工具”组提供了常用的编辑工具，利用“铅笔”工具和“刷子”工具可以绘制线条；利用“用颜色填充”工具可以设置填充色；利用“文本”工具可以在图片中插入文本；利用“橡皮擦”工具可以擦除图片中的部分内容；利用“颜色选取器”工具可以拾取图片中的颜色；利用“放大镜”工具可以放大查看图片中的局部内容。

“形状”组提供了常用的形状，包括直线、曲线、矩形等。在“形状”组还可以设置图形轮廓线的粗细、样式和填充样式。

“颜色”组提供了很多颜色并可以通过“编辑颜色”选取更多的颜色。通过更改前景色（颜色 1）和背景色（颜色 2）可以设置图像中的颜色。

2. 查看图片

在“画图”的“查看”选项卡中提供了多种更加方便的查看图片的方式，如图 4-34 所示。

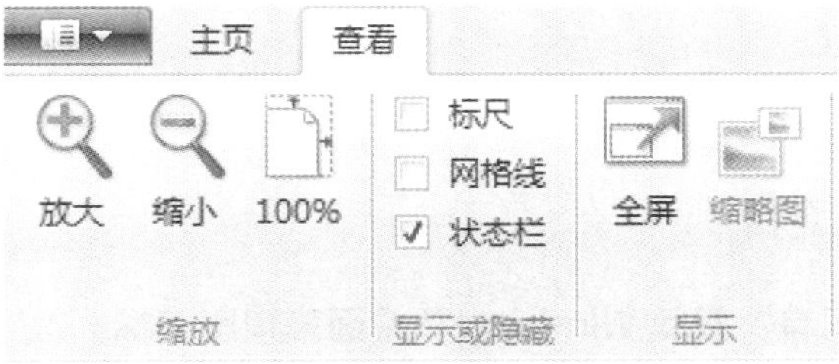

图 4-34　“查看”选项卡的功能区

可以在“查看”选项卡中选择“画图”程序工作时是否显示标尺、网格线、状态栏，并且可以选择全屏显示或显示缩略图。在“查看”选项卡中还提供了更加方便直观的“放大”“缩小”“100%”按钮用来调节显示比例，它们的作用和在状态栏中利用缩放滑块调节显示比例完全一样。若想放大图片的某一部分则需要使用“主页”选项卡中的“放大镜”工具，若要缩小显示，则需用右键单击“放大镜”工具。

探究与实践

练习 1：利用“刷子”工具和“旋转”操作重新绘制 4.2.2 节任务中的“熊猫”并添加竹子进行补充完善，如图 4-35 所示。

练习 2：自行设计 4.2.3 节任务中的“蜡笔小新”，参考图如图 4-36 所示。

图 4-35　完善后的熊猫

图 4-36　蜡笔小新参考图

4.3　截屏高手——截图工具

知识要点

对于经常写文档、用计算机办公的人来讲，经常需要对计算机的桌面、软件窗口进行截图，所以截图工具变得越发重要。Windows 7 系统自带一个截图工具，这款截图工具用起来很方便，而且支持各种图形的截图。

实战任务

4.3.1　认识截图工具

任务　利用"截图工具"截取 Windows 7 桌面背景图图标

任务描述：

使用"截图工具"截取桌面上的 Windows 图标。本任务要捕获桌面上的 Windows 图标，并利用截图工具添加标记，将编辑后的图片文件保存到"我的图片"中。

任务要点：

（1）使用"截图工具"截取任意形状的图片；

（2）为截图添加标记；

（3）保存截图文件。

任务实施：

① 单击"开始→所有程序→附件→截图工具"，打开"截图工具"，如图 4-37 所示；或者单击"开始→所有程序→运行"，输入"SnippingTool"命令打开 Windows 7 系统自带的屏幕截图工具。如图 4-38 所示。

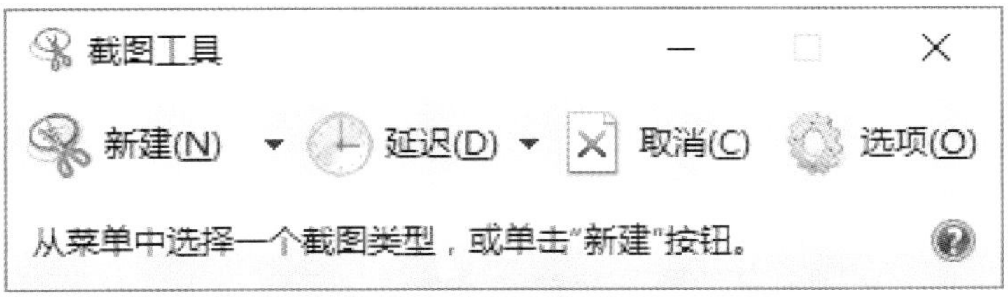

图 4-37　“截图工具”窗口

图 4-38　使用“SnippingTool”命令打开截图工具

② 单击“新建”按钮旁边的箭头，选择“任意格式截图”，就进入了截取屏幕模式，如图 4-39 所示。这时鼠标变成剪刀图标，屏幕变白变模糊，你可以单击鼠标，在屏幕上自由划出要截取的部分，松开鼠标后，要截取的部分就会被截取出来。截取的图片效果如图 4-40 所示。

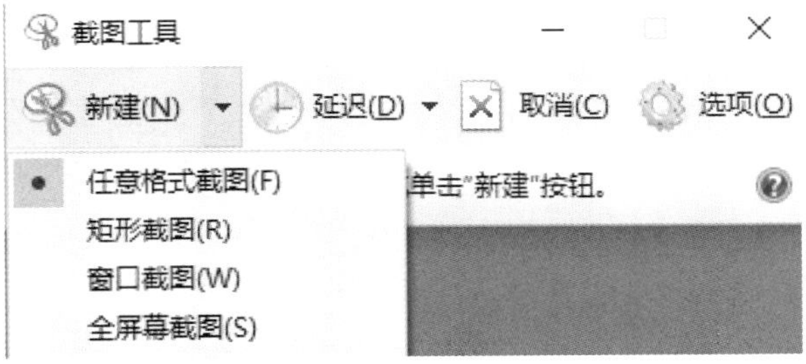

图 4-39　选取“任意格式截图”方式

图 4-40　截取结果

③ 可以在标记窗口中书写或绘图，单击工具栏中的“笔”按钮，选择“红色”如图 4-41 所示。

④ 按下鼠标左键，拖动鼠标在截图上方写下文字标记“截图工具”，书写完毕后单击工具栏上的“保存”按钮，如图 4-42 所示。

图 4-41　选择笔的颜色

图 4-42　为截图书写标记

⑤ 打开“另存为”对话框，输入文件名“win7 图标截图”，默认的保存类型为“可移植网络图形文件（PNG）”，默认的保存位置为“我的图片”。单击“保存”按钮保存图片文件，如图 4-43 所示。

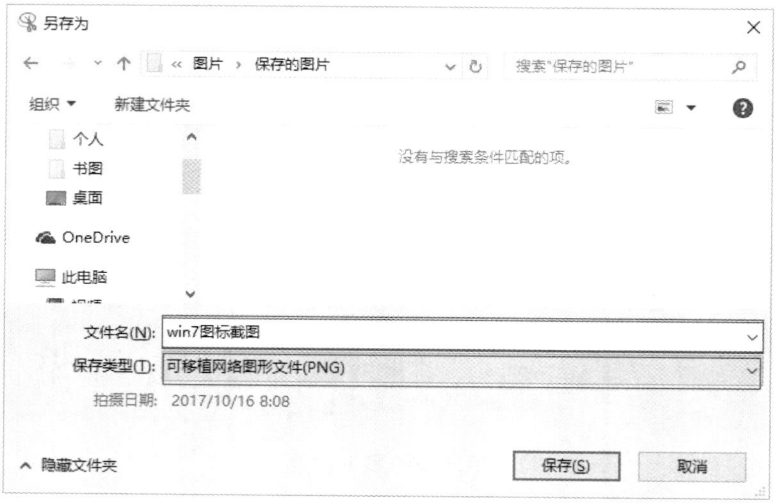

图 4-43　“另存为”对话框

⑥ 保存文档后，单击“文件→退出”菜单命令，可以退出“截图工具”程序。

4.3.2　截图工具的使用

任务　使用“截图工具”截取下拉菜单

任务描述:

在本任务中，我们要使用“截图工具”捕获当前打开的下拉菜单并将图片文件保存成 JPEG 格式。

任务要点:

（1）选择新建截图的类型；

（2）掌握截取窗口的方法。

任务实施:

① 在桌面状态下打开“资源管理器”窗口，单击“开始→所有程序→附件→截图工具”，打开“截图工具”。

② 单击“资源管理器”窗口的“组织”，打开要捕获的菜单，如图 4-44 所示。

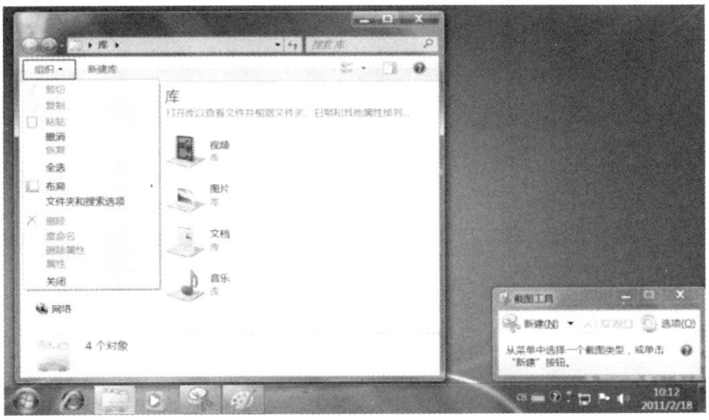

图 4-44　打开要捕获的菜单

③ 按下快捷键“Ctrl+Print Screen”进入截图状态，单击“截图工具”窗口“新建”按钮旁边的箭头，从截图类型列表中选择“矩形截图”，如图 4-45 所示。

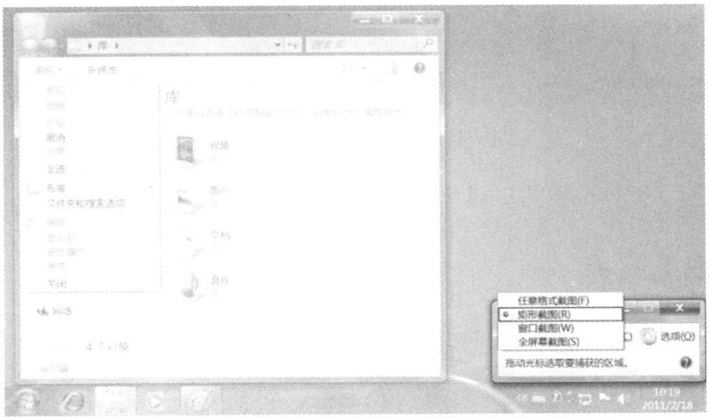

图 4-45　选择新建截图的类型

④ 按下左键拖动鼠标选择要捕获的菜单区域，然后松开鼠标。捕获的菜单截图显示在“截

图工具”的标记窗口，如图 4-46 所示。

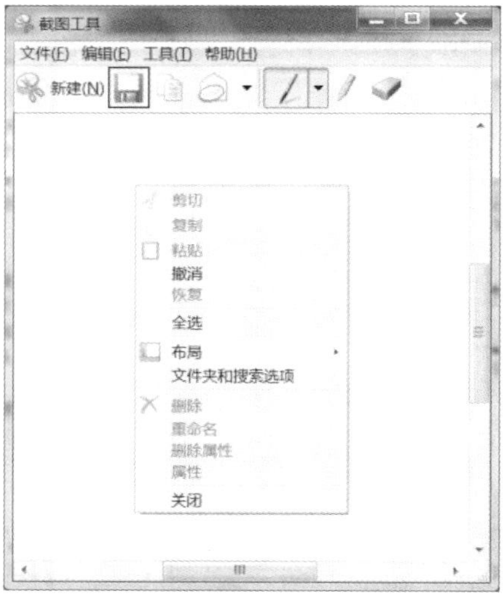

图 4-46　标记窗口中显示捕获的菜单

⑤ 单击工具栏上的“保存”按钮，打开“另存为”对话框，输入文件名“win7 菜单截图”，然后单击“保存类型”下拉列表中的“JPEG 文件”，默认的保存位置为“我的图片”。单击“保存”按钮保存图片文件，如图 4-47 所示。

图 4-47　“另存为”对话框

⑥ 保存文档后，退出“截图工具”程序。

技能与知识点解析

1．截图类型

截图工具可以捕获屏幕上的任何对象，如电影、动画屏幕精彩的瞬间图片、窗口或网页的一部分等，然后对其添加注释、进行保存或共享。截图工具可以截取四种类型的图，如下所示。

① 任意截图模式，可在屏幕上拖动剪刀光标，捕获任意形状的图像，截取后的图像图片会显示在截图工具界面，这种截图方法适用于特殊形状的截图要求。

② 矩形截图模式，可在屏幕上拖动十字光标，根据需要捕获所需大小的矩形图像，这种截图方法适用于规则形状的截图要求。

③ 窗口截图模式，可在屏幕上捕获运行的程序窗口，捕获时窗口四周显示红色边框，单击该窗口就可以成功将图片截取到截图工具界面，方便用户快速截取程序窗口图。

④ 全屏截图模式，选择全屏截图后，即可截取全屏图片，并显示在截图工具界面，方便用户快速保存使用。

2．截图工具给图片添加描绘

Windows 7 截图工具还可以用笔、荧光笔等工具，可以给截取后的图片添加一些文字叙述和色彩描绘，给图片更多精彩的展示。

在工具选项中，还可以选择隐藏提示文字、总是将截图复制到剪贴板、包含截图下的 url、退出前提示保存截图等功能。而且在保存截图时，可以选择保存为 HTML、PNG、GIF 或 JPEG 等格式。

3．共享截图

使用截图工具截取的截图直接被复制到剪贴板中，通过剪贴板可以直接将截图粘贴到其他应用程序中。我们还可以直接将截图发送到电子邮件，捕获截图后，单击标记窗口工具栏上“发送截图”按钮旁的箭头，然后从列表中选择一个选项（确定是否以附件形式发送），就可以发送截图了。

探究与实践

练习：在桌面上打开“桌面小工具库”窗口，使用“截图工具”截取窗口中显示的时钟图标、窗口中的所有图标、桌面小程序库整个窗口、全屏幕，并将捕获的截图插入“写字板”文档中。

4.4　记录日常事项帮手——便笺

知识要点

平常我们为了避免忘记重要的事情，通常会把备忘事件记录在纸质的备忘录里或提示便签上，现在有了 Windows 7，可以抛弃不环保的纸制“便笺”，利用 Windows 7 自带的“便笺”小工具，随时记录日常备忘事件。

实战任务

4.4.1　在桌面上添加便笺

任务　使用“便笺”设置工作提醒

任务描述：

Windows 7 中的粘滞便笺就和办公室中常用的便笺纸一样，可以用来编写待办事项列表、快速记下电话号码，或者记录任何可用便笺纸记录的临时内容。在本任务中，要新建一个便笺用来设置工作提醒，并对便笺颜色和文本格式进行设置。

任务要点：

（1）创建便笺；

（2）更改便笺颜色；

（3）使用快捷键设置便笺文本格式。

任务实施：

① 单击“开始→所有程序→附件→便笺”，打开“便笺”程序。

② “便笺”的工作界面非常简单，只有“新建便笺”和“删除便笺”两个按钮。在编辑区中输入文本“今天下午参加例会！10 号上交工作总结！”，如图 4-48 所示。

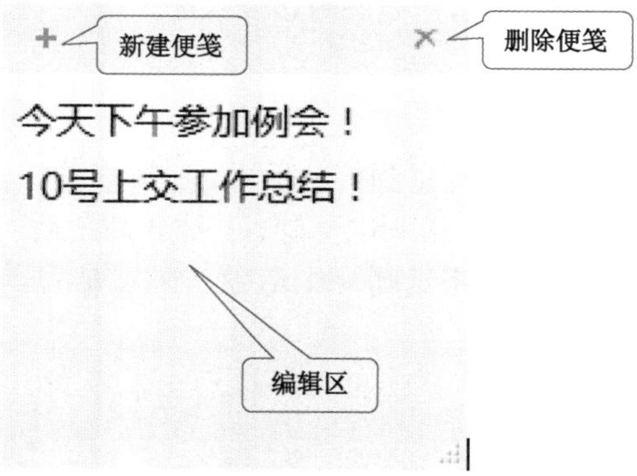

图 4-48 “便笺”工作界面

③ 右键单击便笺编辑区，出现快捷菜单，在快捷菜单中单击“绿”选择便笺颜色，如图 4-49 所示。

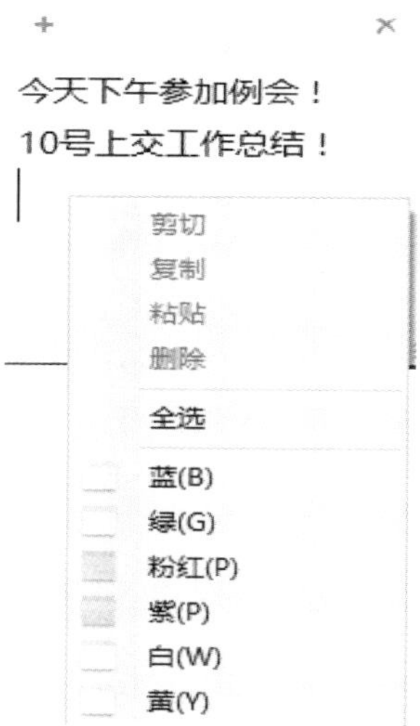

图 4-49 便笺右键快捷菜单

④ 拖动鼠标选定便笺中的全部文字，按下快捷键“Ctrl+Shift+L”插入项目符号列表；三次按下快捷键“Ctrl+Shift+>”增大字体。修改文本格式后的便笺效果如图 4-50 所示。

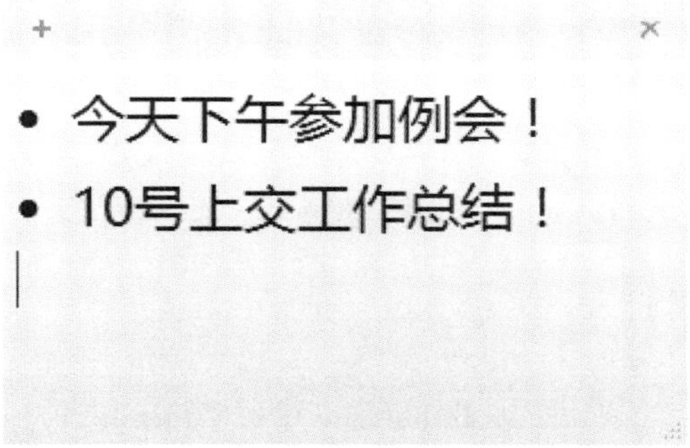

图 4-50　修改文本格式后的便笺效果

⑤ Windows 7 中可以同时建立多个便笺。如图 4-51 所示，为建立不同事务的两个便笺。

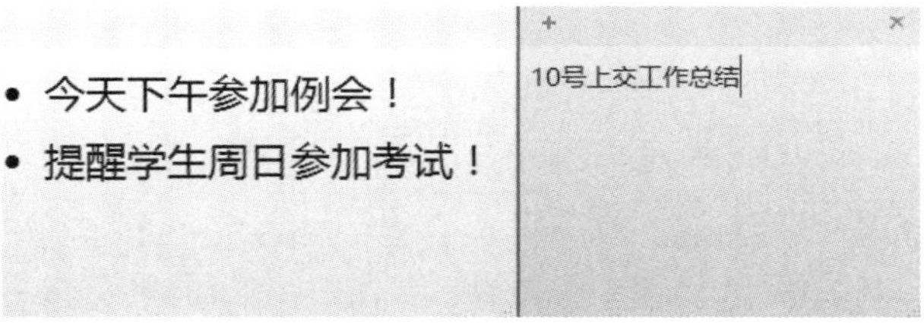

图 4-51　建立多个便笺

4.4.2　Tablet PC 与便笺结合手写输入信息

任务　Tablet PC 和便笺结合完成手写记录信息

任务描述：

以前你是否临时想记个电话号码、提醒事项什么的，可手忙脚乱之时就是找不到纸和笔，很抓狂？Windows 7 自带的 Tablet PC 允许用户手写输入或触摸键盘进行操作，将手写内容转化成文本输入，本任务就是将 Tablet PC 和便笺结合，使用鼠标或触笔手写完成一个“联系电话”便笺。

任务要点：

（1）了解 TapTip 手写输入板的功能；

（2）手写输入便笺。

任务实施：

① 单击便笺窗口中的“新建便笺”按钮，创建一个新便笺，拖动便笺窗口的标题栏适当调整新便笺的位置，拖动便笺窗口的右下角适当调整便笺窗口的大小。

② 单击“开始→所有程序→附件→Tablet PC→TabTip”，打开“TapTip”，如图 4-52 所示。

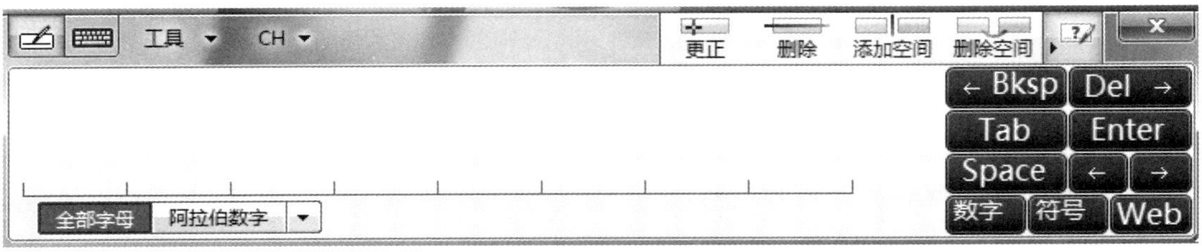

图 4-52　TabTip 工具界面

③ 单击“书写板”，按下左键拖动鼠标在“TabTip”中手写写入“刘”，在出现的联想提示中单击“若英”，如图 4-53 所示。

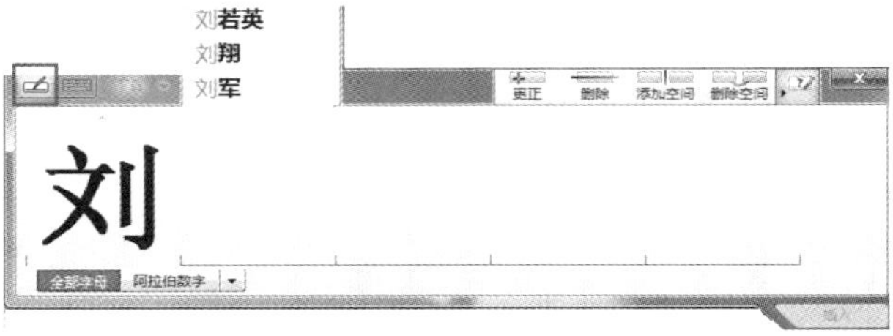

图 4-53　使用“TabTip”手写输入文字

④ 单击“触摸键盘”，如图 4-54 所示，继续用鼠标输入数字“11189123456”，然后单击右下角的“插入”按钮确认输入。

图 4-54　使用“TabTip”触摸键盘输入数字

⑤ 此时便笺中已经输入了文字，单击“TabTip”右上角的关闭按钮，关闭手写输入，这时“TabTip”收缩到屏幕左侧。完成后的便笺如图 4-55 所示。

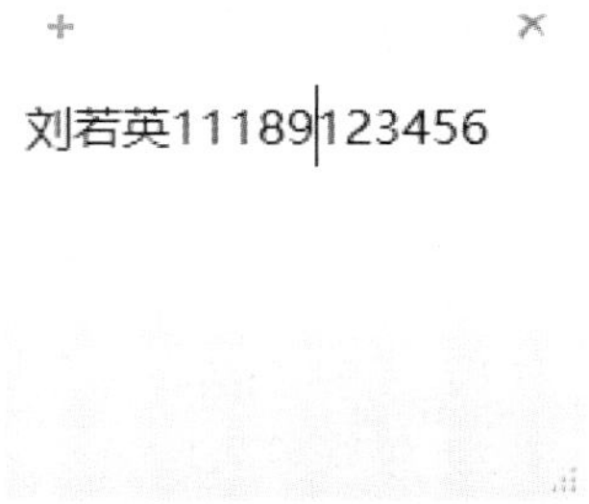

图 4-55　完成后的便笺

技能与知识点解析

1. 便笺中的文本格式设置

在便笺上没有更多的按钮，所以使用时必须用快捷键编辑设置文本格式，常用的快捷键如下：

- Ctrl + E，居中对齐；
- Ctrl + R，右对齐；
- Ctrl + L，左对齐；
- Ctrl + B，粗体；
- Ctrl + I，斜体；
- Ctrl + U，下画线；
- Ctrl + T，删除线；
- Ctrl + Shift + >，增大字体；
- Ctrl + Shift + <，缩小字体；
- Ctrl + Shift + L，项目符号列表。

2. 关闭便笺

粘滞便笺不能像文件一样保存，便笺窗口右上角的删除按钮并不是关闭程序而是删除该便笺的内容，这一点要格外注意。正确的关闭便笺并保存内容的方法是从任务栏的右键快捷菜单关闭，或者直接按快捷键 Alt+F4。只有这样下次打开便笺的时候才会看到以前编辑的便笺内容。

3. Windows 日记本

“Windows 日记本”是一个新的便笺记录程序，是通过用户的手写输入创建便笺的 Tablet PC 附件。可以通过单击“开始→所有程序→附件→Tablet PC→Windows 日记本”菜单命令，打开“Windows 日记本”。鼠标指针在“Windows 日记本”界面中变成了“手写笔”，我们可以随意手写输入。在日记本中可以通过对线条、背景、笔和荧光笔的颜色与样式设置使便笺的外观更加个性化。我们可以在日记本便笺中插入文字和图片，也可以把用鼠标或触笔写出的墨迹变成文字。Windows 日记本支持“另存为”和“导出”两种保存方式。在“另存为”命令中可以将文件保存为扩展名为.jnt 的日记本模板文件或扩展名为.jtp 的日记本便笺文件；而“导出”功能则可保存成扩展名为.mht 的 Web 存档文件或扩展名为.tif 的标记图像文件，这样即使在没有安装日记本程序的操作系统中也可以看到文件的内容。

探究与实践

练习：年末公司举办年会，作为会议外联的你，需要邀请一下公司领导参会：1. 红旗建材总经理杨先生，电话 1394111234567，预约日期 11 月 28 日；2. 北光电器的总经理李小姐，电话 1894110123456，面邀时间 12 月 16 日。请你设计便笺以防遗漏工作。

4.5　数学公式输入快手——数学输入面板

知识要点

要在 Office 办公软件中输入一些复杂的数学公式和符号很多时候是一件比较令人头疼的事情，但是如果利用 Windows 7 中附件自带的“数学输入面板”就可以手写输入数学公式，让数学公式的使用变得更为方便、简单。

实战任务

任务　用“数学输入面板”输入数学一元二次方程

任务描述：

利用“数学输入面板”用鼠标手写输出数学公式，插入文本编辑中。

任务要点：

（1）启动“数学输入面板”，观察“数学输入面板”的工作界面；

（2）输入简单的数学公式。

任务实施：

① 单击“开始→所有程序→附件→数学输入面板”，打开“数学输入面板”，如图 4-56

所示。

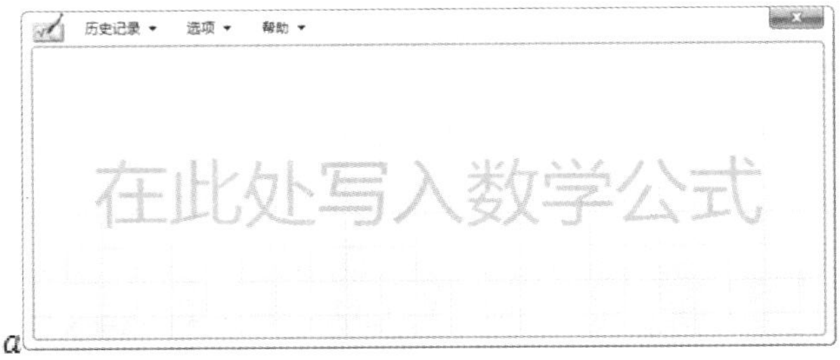

图 4-56 “数学输入面板”界面

② 单击“写入”按钮，在面板右侧展开工具栏，在右下角出现“插入”按钮，如图 4-57 所示。在编辑栏里用鼠标写出公式 $ax^2+bx^2=0$，写好后会自动进行识别，输入公式如图 4-58 所示。

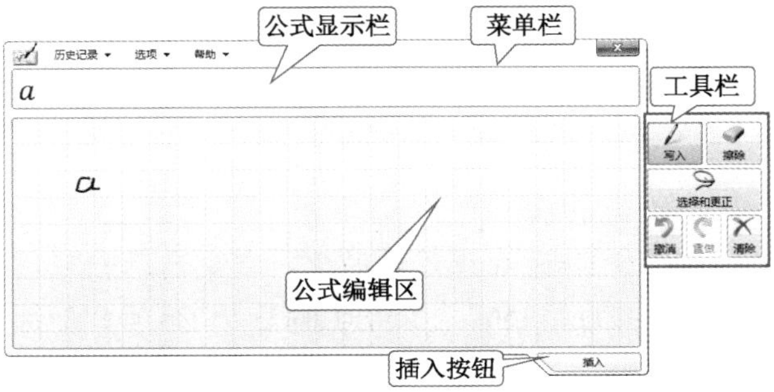

图 4-57 书写状态下的“数学输入面板”界面

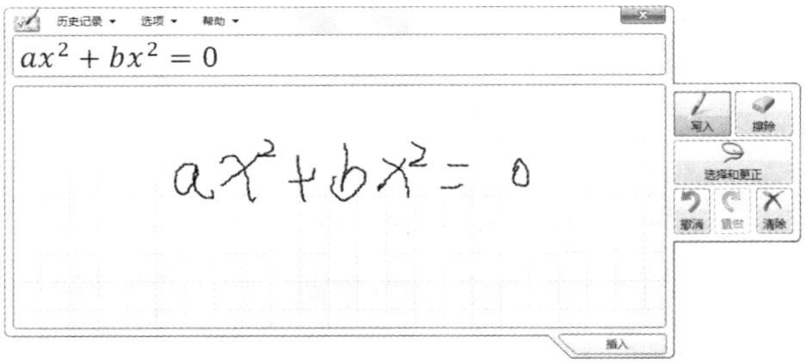

图 4-58 写入公式

③ 如果字符写完后识别错误，可以单击“撤销”按钮重新书写；假如已经写完，还有错误的地方，那我们可以单击右边的“选择和更正”按钮；然后再单击识别错误的字符，就会弹出一个下拉菜单，在菜单中选择候选的字符，比如“0”输入成“θ”，可以单击“选择和更正”按钮进行操作，如图 4-59 所示。

④ 识别正确之后，单击“插入”按钮，如图 4-60 所示，就可以把公式插入 Word 或者其他文字编辑程序中，如图 4-61 所示。

⑤ 如果输入错误要修改公式，单击菜单“选项”，选中“显示屏幕键盘按钮”，如图 4-62 所示，单击公式，如图 4-63 所示，选中要修改的内容单击 Del 键，删除后重新输入。

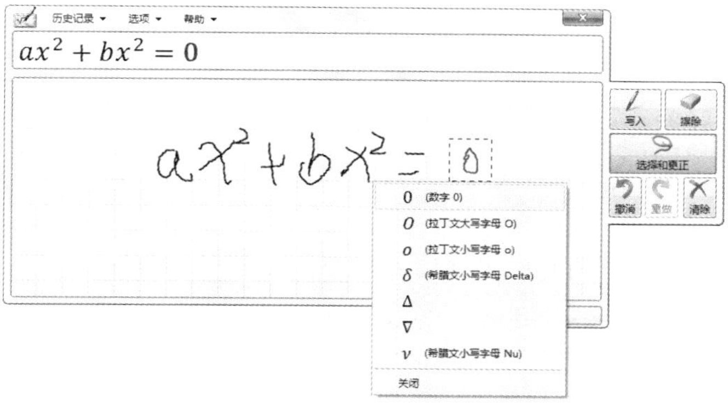

图 4-59　选择和更正文字

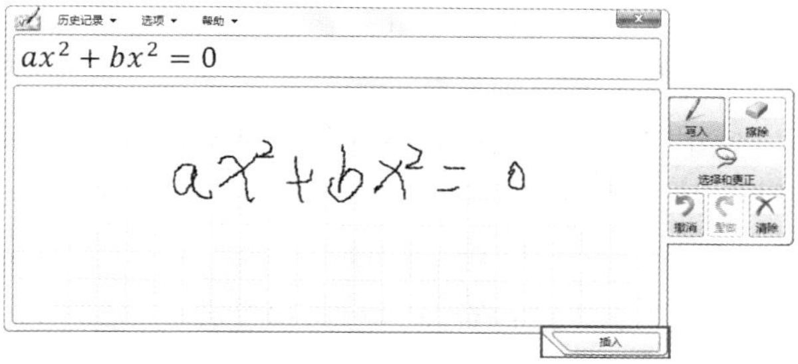

图 4-60　单击“插入”按钮

图 4-61　插入公式后的文档

图 4-62　显示屏幕键盘按钮

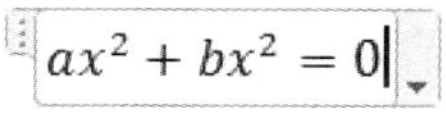

图 4-63　单击修改公式

⑥ 单击板面上的 Enter 按钮确定。

探究与实践

练习 1：在写字板新建文档“公式练习 1.rtf”，在文档内输入公式：

$$x = \frac{-b \pm \sqrt{b^2 - 4ac}}{2a}$$

练习 2：在 Word 新建文档“公式练习 2.docx”，在文档内输入公式：

$$\cos\alpha + \cos\beta = 2\cos\frac{1}{2}(\alpha+\beta)\cos\frac{1}{2}(\alpha-\beta)$$

知识链接：Windows 7 其他常用附件简介

除了以上本章重点讲解的 Windows 附件，Windows 7 还自带了一些其他附件程序，如“附件”中的数学输入面板、录音机、“附件\轻松访问”中的放大镜、屏幕键盘、Windows 语音识别、讲述人等。

1．录音机

若要使用录音机，计算机上必须装有声卡和扬声器。如要录制声音，则还需要麦克风或其他音频输入设备。可以使用录音机来录制声音并将其作为音频文件保存在计算机上，也可以从不同音频设备录制声音。使用录音机录制的音频文件默认扩展名为 WMA，使用 Windows 7 自带的“Windows Media Player”程序可以播放它。

2．放大镜

放大镜可放大屏幕的各个部分，使查看较小对象和查看屏幕细节变得十分方便。放大镜有三种视图模式：在全屏模式下，整个屏幕会被放大，屏幕内容将跟随鼠标指针显示；在镜头模式下，鼠标指针周围区域会被放大，放大的屏幕区域随鼠标移动；在停靠模式下，仅放大屏幕的一部分，桌面的其余部分处于正常状态，通过移动鼠标可以控制放大的屏幕区域。

所有标准键的可视化键盘，可以使用鼠标、触笔或其他输入设备通过可视键盘输入，允许用户根据输入设备选择单击模式、悬停模式或扫描模式。

3．Windows 语音识别

Windows 语音识别功能可以使用声音命令实现人机交互，通过声音命令可以实现控制窗口、启动程序、在窗口之间切换、使用菜单和单击按钮等操作。若要充分使用 Windows 语音识别，最好先使用语音识别语音训练向导训练计算机识别语音。语音训练向导可引导用户完成一系列任务，这些任务专门用于使计算机听到用户说出的通过语音识别可用的许多命令。使用语音识别还可以听写输入文本并可以在文档中进行修改或更正错误。在听写时，注意发音要准确清晰，尽量说出完整的句子或有意义的句子片段，如果听写的短语较为完整，计算机就能够较好地识别。作为一项前沿技术 Windows 语音识别还不是很成熟，仅适用于英语、法语、西班牙语、德语、日语、简体中文和繁体中文，并且许多非微软的程序不支持 Windows 的语音命令。

4．讲述人

Windows 7 带有一个称为“讲述人”的基本屏幕读取器，它是一个将文字转换为语音的实用程序，可用于盲人或视力不佳的用户。使用计算机时，“讲述人”可以高声阅读显示在屏幕上的内容（如活动窗口的内容、菜单选项、文本信息）并描述发生的某些事件（如显示的错误消息）。“讲述人”可与记事本、写字板、控制面板程序、Internet Explorer、Windows 桌面和 Windows 安装程序一起工作，和“Windows 语音识别”一样许多其他应用程序不支持“讲述人”，可能无法在其他程序中正确地读出文字。

4.6 技能与知识巩固

4.6.1 技能演练

1．使用“画图”绘制一个房子，图片大小为 500×500 像素，参考效果如图 4-64 所示。

图 4-64 绘制房子参考效果

2．在“C:\WIN7 第 4 章素材”中创建“写字板”文档，文件名为“绘制房子.rtf”，编辑文档详细讲解自己使用“画图”绘制房子的操作过程。要求使用“截图工具”截取中间步骤的截图并在文档的适当位置插入截图，最后对文档中的文字和图片进行排版使文档更加美观。

3．利用帮助文件自学“Windows 语音识别”，使用“Windows 语音识别”在“写字板”中语音输入小马过河的故事，体验语音输入，故事内容参照“C:\WIN7 第 3 章素材\小马过河.TXT”。

4.6.2 知识强化

一、填空题

1．“写字板”窗口主要由快速访问工具栏、__________、_________、标尺和编辑区组成。

2．“画图”程序中的“刷子”工具位于功能区的_________选项卡中，“标尺”的显示/隐藏命令位于________选项卡中。

3．使用“截图工具”可以将屏幕上显示的信息以_______形式保存，默认的扩展名为________。

二、选择题

1．桌面“便笺”程序不支持的输入方式为（　　）。

A．键盘输入　　B．手写输入　　C．扫描输入　　D．语音输入

2．桌面“便笺”程序中缩小文本的快捷键为（　　）。

A．Ctrl + >　　B．Ctrl + <　　C．Ctrl + Shift + >　　D．Ctrl + Shift + <

3．保存“画图”程序建立的文件时，默认的扩展名为（　　）。

A．PNG　　B．BMP　　C．GIF　　D．JPEG

4．写字板是一个用于（　　）的应用程序。

A．图形处理　　B．文字处理　　C．程序处理　　D．信息处理

三、简答题

1．Windows 7 中的“计算器”共有哪些计算模式？

2．使用“截图工具”可以截取哪些类型的截图？

3．简述在“便笺”中进行手写输入的操作步骤。

4．简述在“写字板”中将文档放大 2 倍显示的方法。

第 5 章

Windows 7 多媒体应用

Windows 7 提供了强大的多媒体与娱乐功能，用户可以利用画图工具对图形图像进行简单的绘制和处理；利用录音机软件录制声音；利用 Windows Media Player 播放数字媒体文件、整理数字媒体收藏，还可以将喜爱的音乐刻录成 CD 或 DVD。

学习要点

- ◆ 了解计算机多媒体技术和多媒体设备
- ◆ 掌握获取图片的常用方法
- ◆ 掌握画图工具的使用方法
- ◆ 掌握录音机处理音频的方法
- ◆ 了解 Windows Media Player 的功能和基本操作
- ◆ 掌握 Windows DVD Maker 编辑视频的基本方法

5.1　认识多媒体技术

计算机多媒体技术是当今信息技术领域发展最快、最活跃的技术，是新一代电子技术发展和竞争的焦点。多媒体技术融计算机、声音、文本、图像、动画、视频和通信等多种功能于一体，借助日益普及的高速信息网，可实现计算机的全球联网和信息资源共享，因此被广泛应用在咨询服务、图书、教育、通信、军事、金融、医疗等诸多行业，并正在潜移默化地改变着我们的生活面貌。

随着计算机多媒体技术的突飞猛进，多媒体凭借着自身的优势越来越多地被广泛关注和应用，已经在不知不觉中影响到了我们生活的很多方面，本章简要介绍计算机多媒体技术及其相关概念，对计算机的多媒体应用做出概括性总结。

5.1.1 多媒体概述

知识要点

多媒体，就是融合了两种或两种以上媒体的一种人机交互式信息交流和传播的媒体，其使用的媒体包括文字（Text）、图像（Image）、图形（Graph）、动画（Animation）、音频（Audio）、视频（Video）。各种媒体表现形式各不同，但都以数字化形式存在，即计算机二进制数字文件。而多媒体技术，是指采用计算机技术将各种媒体以数字化的方式集成在一起，从而使计算机具有了能同时获取、处理、编辑、存储和展示多体信息的能力。

1. 计算机多媒体内容

① 文本：由语言文字和符号字符组成的数据文件。

② 图像：通过描述画面中各个像素的亮度和颜色等组成的数据文件，也叫点位图或位图图像。

③ 图形：矢量图形的简称，即生成一幅图形由数学方法组成的数据文件。一般，图形可以看作图像的抽象。

④ 动画：将静态的图像、图形及连环图画等按一定时间顺序显示而形成连续的动态画面。

⑤ 音频：声音信号，即人类听觉可感知范围内的频率。

⑥ 视频：可视信号，即计算机屏幕上显示出来的动态信息，如动态图形、动态图像、动画等。

2. 计算机多媒体技术主要特性

① 计算机化，至少对终端用户来说媒体信息的播放是由计算机控制的。

② 集成化，涉及的设备的类型与数量尽可能地单一，包括存储集成化、捕捉集成化、播放集成化、网络集成化（ISTN 与 ISPN）。

3. 计算机多媒体应用

计算机多媒体应用在我们生活中的很多地方，例如：数字化图书馆融入了多媒体技术后，使得数字化图书馆更加生动真实。远程教育等领域也是应用了计算机多媒体技术，东北大学就是投了巨资在我国开始建设远程教育网，从沈阳一直铺光缆到秦皇岛，是中国规模最大的教育网络之一，他们就用了多媒体技术和网络技术相结合的方式进行教学，使更多的学生受到了名师学校的教育。由此可见，多媒体技术方便了我们生活的很多方面。由于计算机相关技术的飞速发展，多媒体技术无论是在硬件上还是在软件上都已经是很成熟的技术了，但是对于图像和音频的压缩编码规范还很混乱，有些压缩编码规范已经公开，有些对外界还是秘密，这对整合音视频压缩编码很不利。在资源共享及开源的思想占主流的当今的技术界，多媒体技术也需要把各种音视频的压缩技术整合起来，使多媒体技术更加规范和成熟，这样计算机多媒体技术才能够发展得更好。

5.1.2 多媒体设备

知识要点

多媒体信息量巨大，所以对计算机的运算速度提出了更高的要求。多媒体计算机还需有相应的外围设备，主要包括：

① 多媒体输入设备，如扫描仪、CD、ROM、数码相机、摄像机、话筒、录像机等。

② 多媒体输出设备，如打印机、绘图仪、音箱、电视机、录音机、高分辨率显示器等。

③ 多媒体存储设备，如光盘、硬盘、磁带等。

④ 多媒体功能卡，如视频卡、声卡、压缩卡等。

⑤ 操纵控制设备，如鼠标、操纵杆、键盘、触摸屏等。

目前常用的多媒体计算机，主要是指有音频信号输入、输出和处理功能或者具有视频信号输入、输出和处理功能的计算机。

5.2 处理图形图像

5.2.1 获取图像

知识要点

在 Windows 7 系统中，要获取图像有三种常用的方法。

方法一：利用 Windows 7 自带的截图工具进行截图。单击“开始”按钮，找到“附件”后打开“截图工具”，如图 5-1 所示。单击“新建”后的下拉按钮选择截图的方式，以“矩形截图”为例，按住鼠标左键选中截图的区域，松开左键后截图完成。单击“保存”按钮，选择保存的路径和对图片进行命名，最后单击“保存”按钮。

图 5-1　在“开始”菜单中打开“截图工具”

方法二：使用键盘上的截图键“Print Screen SysRq”（有的缩写为“PrtSc”）进行截屏，如图 5-2 所示。截屏的时候把想要的内容显示在当前窗口，按下这个键，此时截图已被保存到 Windows 剪贴板，这时需要借助第三方图像软件，打开 Windows 自带的画图程序或 Photoshop 软件，然后在菜单中选择“新建”，按下“Ctrl+V”组合键，此时截图已显示在新建的文档中，之后便可以保存了。

图 5-2　键盘上的截图键“PrtSc”

方法三：使用 QQ 的截屏功能。单击图 5-3 中方框中的图标，启动截图功能，请根据自己的需要选择不同的截图方式。截图完成后，图像显示在聊天窗口中，此时在图像上单击右键，选择“另存为”，可将截图保存起来。

图 5-3　QQ 中的截图功能键

探究与实践

练习：用三种方法获取图片，图片为计算器界面，分别保存为“计算器 1”～“计算器 3”。

5.2.2　编辑图像

知识要点

图形软件一般指矢量绘图软件，图像软件一般指位图处理软件。常用的图形处理软件有 CorelDRAW 和 Photoshop。在 Windows 7 系统中有一项常用功能，能够在空白绘图区域或在现有图片上创建绘图，这就是“画图”，其工作界面如图 5-4 所示。

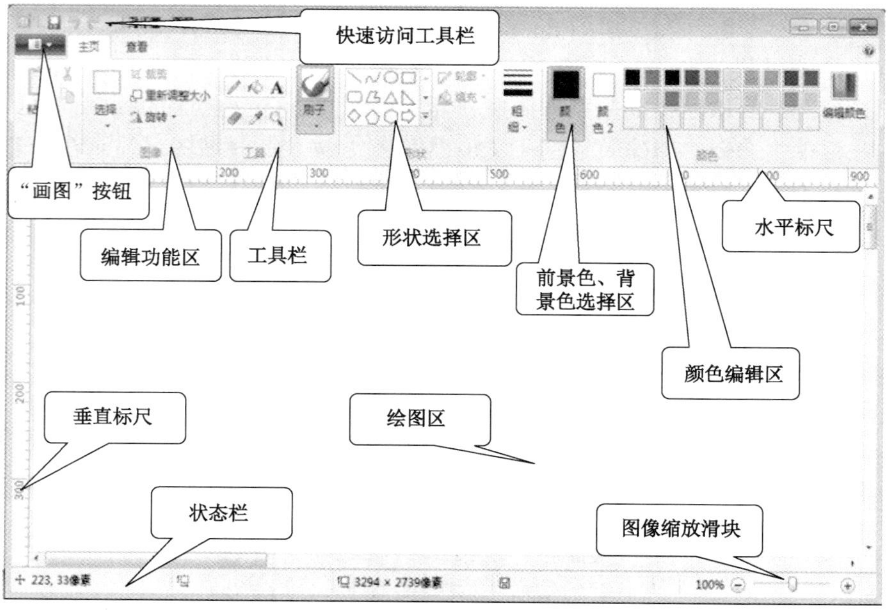

图 5-4　“画图”工作界面

Windows 7 系统中的“画图”在查看图片方面的功能有以下几点。

（1）快速缩放图片。

首先，利用“画图”打开图片后，若该图片的原始尺寸较大，可以直接向左拖动右下角滑块，将显示比例缩小，这样便于在界面中查看整个图片。当然，也可以在“画图”的“查看”菜单中，直接单击放大或缩小按钮来调整图片的显示大小。

（2）显示标尺和网格线。

在查看图片时，特别是需要了解图片部分区域的大致尺寸时，可以利用标尺和网格线功能，方便用户更好地利用“画图”功能。操作时，可以在“查看”菜单中勾选“标尺”和“网格线”选项。

（3）放大镜功能。

有时因为图片局部文字或者图像太小而看不清楚，这时可以利用“画图”中的“放大镜”工具，放大图片的某一部分，方便查看。

操作方法：在“画图”的“主页”选项卡的“工具”栏中，单击“放大镜”，将放大镜移至需要放大的区域，单击方块中显示的图像部分，将其放大。

（4）全屏方式看图。

“画图”还提供了“全屏”功能，可以在整个屏幕上以全屏方式查看图片。

操作方法：在“画图”的“查看”选项卡的“显示”栏中单击“全屏”，即可全屏查看图片，非常方便；需要退出全屏时，单击显示的图片，即可返回“画图”窗口。

实战任务

任务　使用画图工具来进行简单的绘画创作

任务描述：

使用画图工具来简单绘制一个小鸭子戏水。

任务要点：

掌握工具箱、形状、颜色、画笔等常用工具的使用方法。

任务实施：

① 单击“开始→所有程序→附件→画图”，如图 5-5 所示，这样就打开了“画图”工具。

图 5-5　打开画图工具

② 在工具箱里选择油漆桶工具，选择颜色 2，在颜料盒中选择蓝色。然后在中间白纸上单击鼠标右键（注意是右键），把纸喷成蓝色背景，我们要画一个小鸭子。

③ 在形状里选择“椭圆”，选择颜色 1，在颜料盒中选择黑色，在纸上画两个椭圆，作为小鸭子的头和身子，如图 5-6 所示。

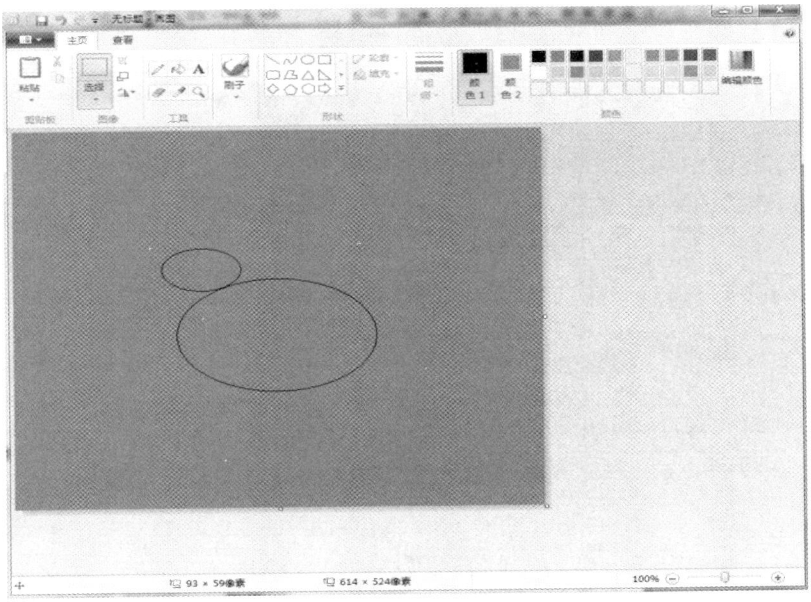

图 5-6　小鸭子雏形

④ 选择油漆桶工具，选择颜色 1，在颜料盒中选择黄色，单击鼠标左键，在两个圆中间喷上黄色。

⑤ 选择椭圆工具，画一个小圆，喷上黑色作为眼睛，再选择刷子工具，在颜色中选择黄色，把小鸭子的眼睛画出来，如图 5-7 所示。

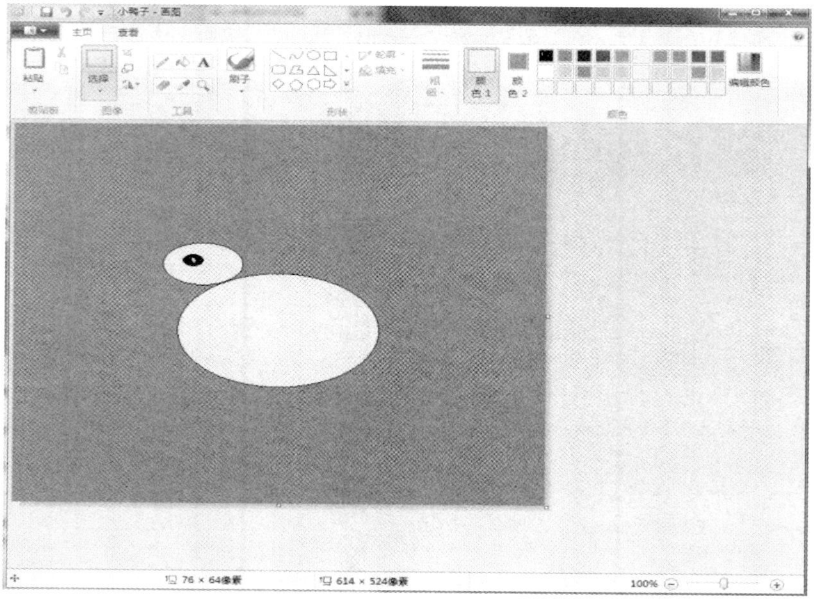

图 5-7　小鸭子眼睛

⑥ 选择曲线工具为小鸭子画上嘴巴。

⑦ 用铅笔给小鸭子画上翅膀，再画上水波就完成了，如图 5-8 所示。

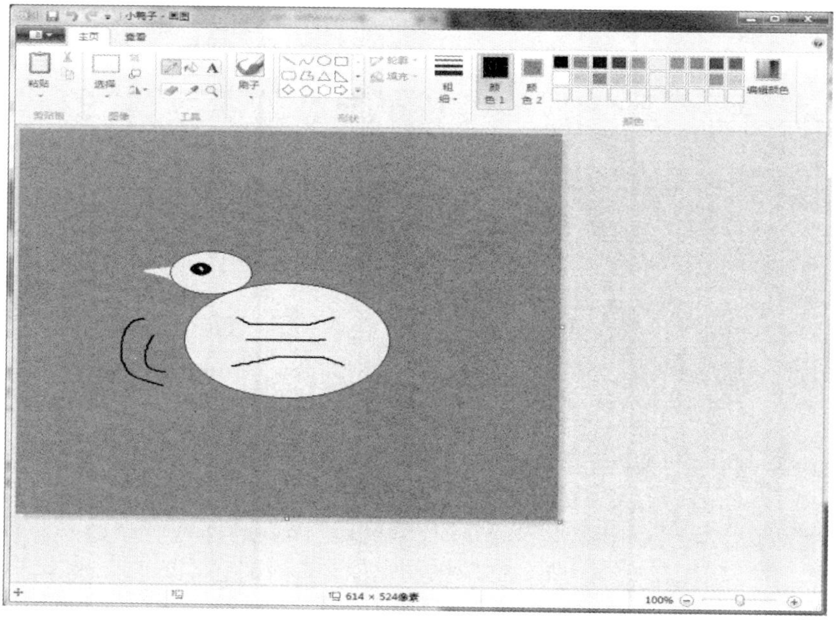

图 5-8　小鸭子完成

⑧ 单击菜单“文件→保存”命令，以“小鸭”为文件名，保存文件到自己的文件夹中。

以上便是系统自带“画图”工具的简单操作，这款工具对于那些不会使用专业图片处理软件的用户来说是一个不错的选择，同时使用起来也比较简单。

探究与实践

练习：运用“画图”工具绘制一幅简单的画作，内容自拟。

5.3　处理音频与视频

5.3.1　音频的编辑

知识要点

Windows 7 中为我们提供了录制声音的工具软件——录音机，利用它可以录制声音，并将其作为音频文件保存在计算机上。

实战任务

任务 1　利用录音机录制一段声音

任务描述：

先检查声卡是否正常工作，再准备好一个用来输入声音的麦克风。

任务要点：

（1）在 Windows 7 中，通过麦克风录制一段声音；

（2）将录制的声音保存为音频文件；

（3）观察文件的保存格式，并播放录制后的声音。

任务实施：

① 将麦克风插入声卡的粉色（或红色）输入插口。

② 单击“开始→所有程序→附件→录音机”，打开 Windows 7 自带的录音机程序，如图 5-9 所示。

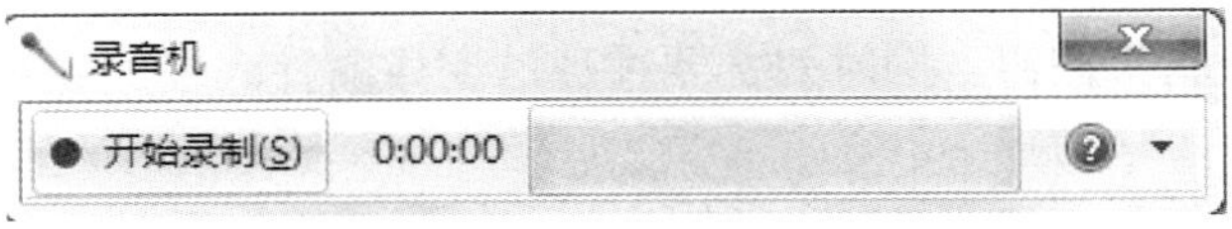

图 5-9　录音机程序

③ 单击“开始录制”按钮，开始录制声音，我们可以通过麦克风输入声音。

④ 若要停止录制音频，请单击“停止录制”按钮，这时将弹出“另存为”对话框，如图 5-10 所示。

⑤ 如果要继续录制音频，可单击“另存为”对话框中的“取消”按钮，再单击“继续录制”按钮，如图 5-11 所示，继续录制声音，最后单击“停止录制”按钮。

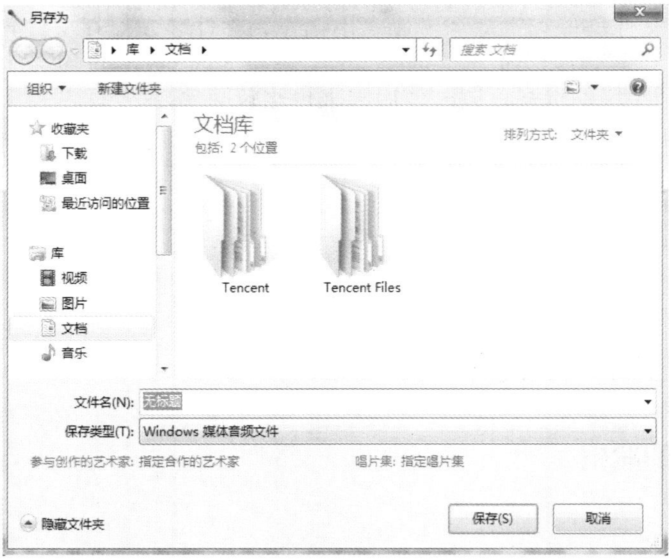

图 5-10 “另存为”对话框

图 5-11 继续录制界面

⑥ 在弹出的“另存为”对话框中，在上方左侧选择保存文件的位置，再单击“文件名”框，为录制的声音输入文件名，然后单击“保存”按钮，将录制的声音保存为 WMA 格式的音频文件。

任务 2 利用录音机制作一段配乐国旗下的演讲

任务描述：

预先准备一首乐曲的音频文件，并准备好要朗诵的国旗下演讲的文字材料。

任务要点：

（1）播放音乐文件的同时，通过麦克风输入声音；

（2）利用录音机将两个声音合成在一起。

任务实施：

① 将麦克风插入声卡的粉色（或红色）输入插口。

② 打开 Windows 7 自带的录音机程序。

③ 单击“开始录制”按钮，同时双击要播放的配乐文件，播放音乐，并通过麦克风朗诵演讲稿，输入声音。

④ 朗诵完毕后，单击“停止录制”按钮，将弹出“另存为”对话框。

⑤ 在弹出的对话框中，选择保存的位置，输入文件名，保存文件即可。

技能与知识点解析

1. 声音的基本概念

声音是通过一定的介质传播的一种连续振动的波，也称声波，是一种连续的模拟信号。声波有两个重要的指标：振幅是波的高低幅度；频率（Frequency）为每秒振动的次数，以 Hz 为单位。

人耳能感知的声音频率为 20Hz～20kHz 的信号称为音频信号（Audio）。低于 20Hz 的信号称为亚音信号或次音信号；高于 20kHz 的信号称为超音频信号，或称超声波信号。

2．声音数字化

声音信号无论在时间上还是幅度上都是连续的模拟信号，而计算机只能处理数字信号。因此需要把模拟的音频信号转换成数字信号后，计算机才能对数字音频进行存储、编辑或处理。当重播或回放声音时，将数字音频转换为尽可能接近原始的声波信号，经放大由扬声器播出。

计算机把模拟声音（音频）信号转换为数字化声音（音频）的过程称为声音（音频）的数字化，或称模数（A/D）变换；将数字化后的音频信号还原成原始的波形进行播放，这个过程称为解码，它是模数（A/D）变换的逆过程，即数模（D/A）变换。

声音的数字化过程主要通过采样、量化和编码等步骤完成。

3．常用的音频文件格式

由于来源、功能、特点和使用领域的不同，在音频处理中，会遇到各种音频文件格式，这里介绍几种常见的音频文件格式。

① 无损音频格式文件：直接通过声卡数模转换生成的音频格式，文件类型有 CD 格式（以 CD 音轨方式存储在光盘上的数字音乐）、WAV 格式、AIFF 格式和 AU 格式等。

② 压缩音频格式文件：压缩音频格式文件是指声音信息经声卡数模转换后，通过一定的算法进行数据信息压缩，形成的音频格式文件。压缩音频格式文件分为有损压缩和无损压缩两种格式文件，其中有损压缩通过一定的算法，在尽可能保证音质的前提下通过有损压缩降低数据量，主要有 MP3、WMA 和 RM 等文件格式；而无损压缩只对音频信息数据进行压缩，在播放时能够完全复原原始音频，主要有 APE 格式。

③ MIDI 数字合成音乐格式：MIDI 是一种与上述的音频格式文件完全不同的音频格式。MIDI 音乐并不是录制好的波形声音，而是记录音乐的一组指令。MIDI 文件每分钟的音乐只用大约 5～10KB，远小于其他音频文件。MIDI 音乐重放时将音色、音高、音长等信息传送给声卡，再由声卡模拟出不同乐器的声音效果。MIDI 音乐广泛用于计算机作曲领域，MIDI 音乐格式文件可以用作曲软件写出，也可以通过声卡的 MIDI 口把外接音序器演奏的乐曲输入计算机，形成 MIDI 文件。

4．Windows 7 中自带的录音机程序可以录制声音

其声音将保存为扩展名为.wma 的音频文件。若要使用录音机，计算机上必须装有声卡和扬声器。如要录制声音，则还需要麦克风或其他音频输入设备。录制的音频来源类型取决于所拥有的音频设备以及声卡上的输入源，我们可以通过麦克风录入声音，也可以从不同音频设备录制。

探究与实践

练习 1：查找一篇小故事，自己读一遍，将故事录制下来，保存为“故事 1.wma”。

练习 2：将一首歌曲录制为 WMA 格式的音频文件。

练习 3：查找一首古诗，并配上背景音乐进行朗读，录制为音频文件。

知识要点

Windows Media Player 是 Windows 7 自带的媒体播放器，可以播放大多数格式的声音和视频。

实战任务

任务 3　使用 Windows Media Player 播放音频文件

任务描述：

在硬盘上先准备好几首 MP3 的音乐文件，也可以是其他类型的音频文件，利用 Windows Media Player 播放这些文件。

任务要点：

（1）启动 Windows Media Player 软件；

（2）播放 MP3 的乐曲；

（3）在“媒体库”模式与“正在播放”模式之间切换。

任务实施：

① 单击“开始→所有程序→Windows Media Player”，运行该软件，弹出如图 5-12 所示的界面。

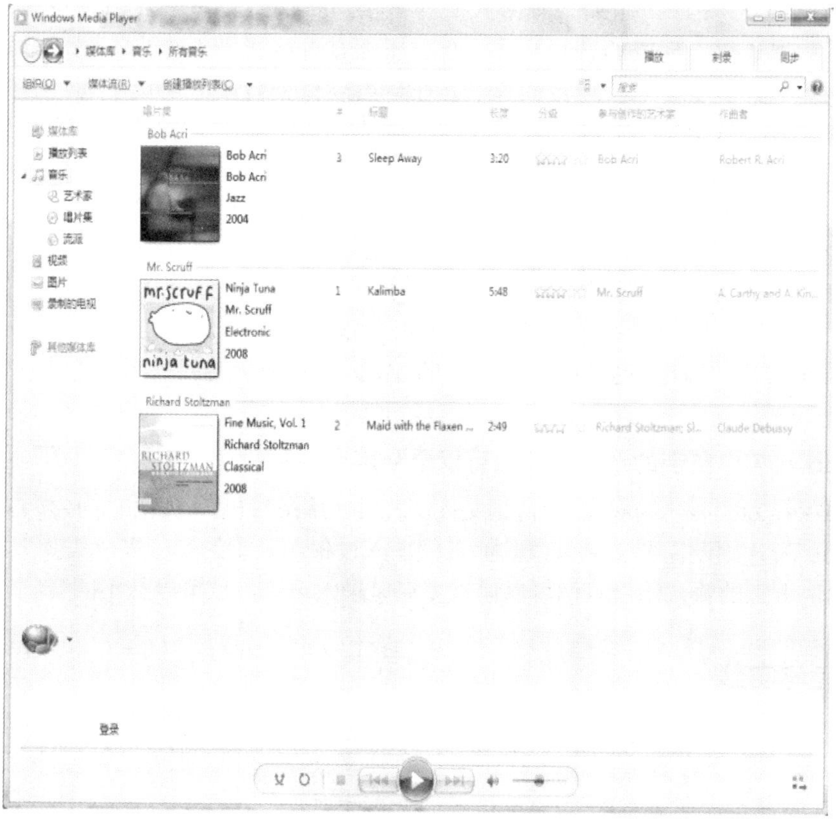

图 5-12　Windows Media Player

② 如果要进入“正在播放”模式，可单击右下角的按钮，切换到“正在播放”模式。这时，若没有播放的声音，将出现如图 5-13 所示的界面，若正在播放声音，则窗口中显示播放文件的信息。

图 5-13 “正在播放”模式

③ 若需返回“媒体库”模式，可以单击“正在播放”模式界面右上角的按钮，切换到“媒体库”模式。

④ 在 Windows Media Player 的媒体库中浏览或搜索希望播放的音频对象。

⑤ 找到后在右侧的细节窗格中直接双击该对象，就开始播放声音了。

任务 4 使用 Windows Media Player 播放视频文件

任务描述：

在硬盘上先准备好几个视频文件，利用 Windows Media Player 播放这些文件。

任务要点：

（1）启动 Windows Media Player 软件；

（2）查找到要播放的视频文件进行播放。

任务实施：

① 单击“开始→所有程序→Windows Media Player”，运行该软件。

② 在 Windows Media Player 的媒体库中浏览或搜索希望播放的视频文件。

③ 找到后，选中该视频文件，直接双击该对象，就开始播放视频了。Windows Media Player 会自动切换到“正在播放”模式下。

任务 5 将指定的音乐文件夹添加到媒体库中

任务描述：

将用户自定义的媒体文件夹添加到 Windows Media Player 媒体库中进行管理。

任务要点：

（1）利用 Windows Media Player 管理自己创建的媒体文件夹；

（2）将指定的音乐文件夹添加到媒体库中；

（3）在媒体库中查找音乐文件并播放。

任务实施：

① 打开 Windows Media Player，单击窗口中的“组织”按钮。

② 在打开的菜单中选择“管理媒体库”，再在其子菜单中选择“音乐”命令，如图 5-14 所示。

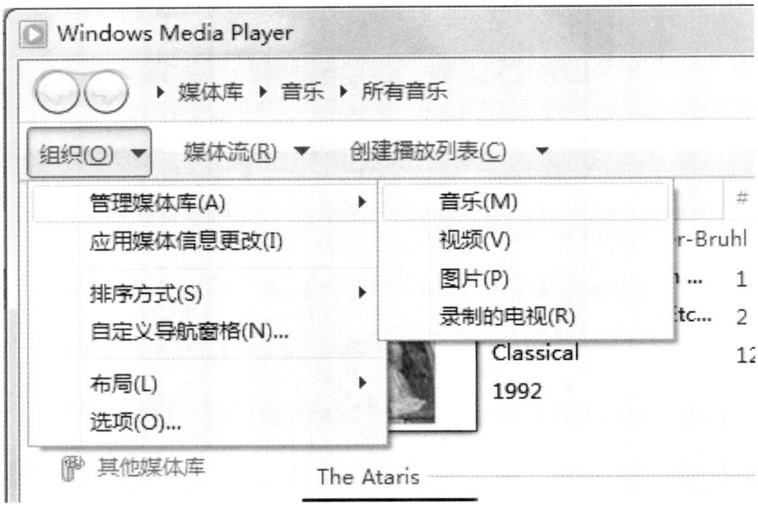

图 5-14　打开音乐库

③ 这时将会弹出“音乐库位置”对话框，如图 5-15 所示。

图 5-15　“音乐库位置”对话框

④ 单击右侧的“添加”按钮，将弹出“将文件夹包括在‘音乐’中”对话框，如图 5-16 所示。

⑤ 选择要添加的文件夹所在路径，选中该文件夹。

⑥ 单击对话框右下方的“包括文件夹”按钮。

⑦ 这时将返回“音乐库位置”对话框，并在对话框的“库位置”列表中多了新添加的文件夹，如图 5-17 所示。单击“确定”按钮保存并退出对话框。

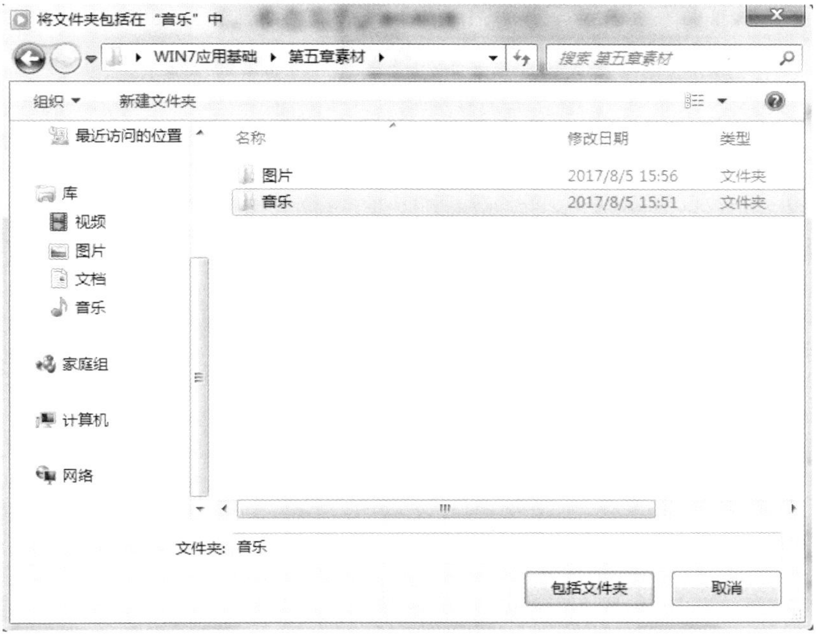

图 5-16　“将文件夹包括在‘音乐’中”对话框

图 5-17　添加了文件夹的“音乐库位置”对话框

⑧ 接着会弹出一个“保存更改”的运行界面，开始应用设置。完成后，会返回 Windows Media Player 的“媒体库”模式下。这时，在右侧的窗格中就包含了添加的文件夹下的多媒体类型的文件，如图 5-18 所示。

⑨ 选择要播放的对象，双击就可以播放了。

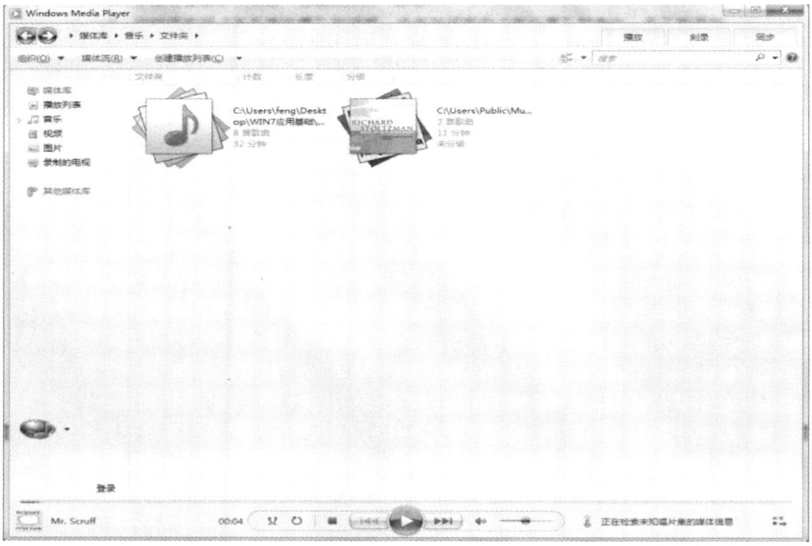

图 5-18　添加成功的界面

任务 6　创建媒体播放列表

任务描述：

将用户喜爱的多个媒体文件编辑为一个播放列表，便于用户播放。

任务要点：

（1）自定义媒体播放列表；

（2）编辑播放列表的各个项目文件；

（3）保存播放列表。

任务实施：

① 在 Windows Media Player 程序窗口上方单击“创建播放列表”按钮，如图 5-19 所示。

图 5-19　创建播放列表

② 此时在导航窗格的“播放列表”下方会出现一个新建的播放列表，可以为其命名，如“我的最爱”，如图 5-20 所示。

图 5-20　为播放列表命名

③ 在导航窗格中单击“音乐”选项，然后在右侧的细节窗格中右击要添加的音乐文件。

④ 在弹出的快捷菜单中依次执行“添加到→我的最爱”命令，如图 5-21 所示。

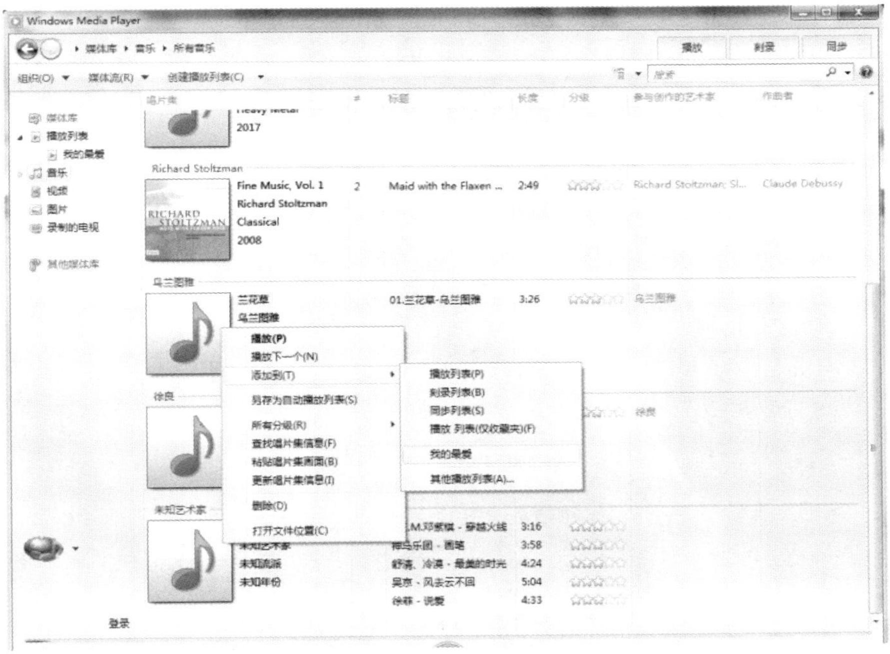

图 5-21　添加文件到播放列表

⑤ 若要添加视频，可在导航窗格中单击“视频”选项，后面的操作与添加音乐文件相同。

⑥ 将各个文件添加好后，在左侧导航窗格中的“播放列表”下单击“我的最爱”选项，就能看见列表中的所有文件了。

⑦ 若要编辑列表中文件的排列顺序，可右击要移动的项目文件，在弹出的快捷菜单中选择“上移”或“下移”，如图 5-22 所示。

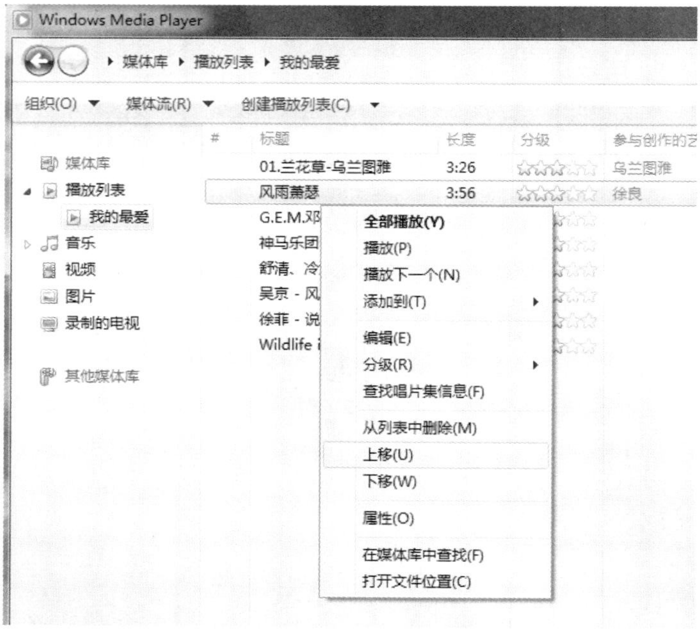

图 5-22 编辑播放列表

⑧ 完成对播放列表的调整后，单击列表窗格顶部的“保存列表”按钮，即可完成，如图 5-23 所示。

图 5-23 保存播放列表

技能与知识点解析

视频文件事实上是由一帧帧静态图像与音频信息组合形成的。由于静态图像数据量巨大，因此需要采用压缩技术对图像进行压缩编码，根据压缩编码方式的不同，也就有了视频文件的不同格式。视频文件的参数主要有：图像分辨率（以像素为单位），播放速率（即每秒钟播放图像的速率，以帧/秒——FPS 为单位），以及视频文件压缩编码方式。不同格式的视频文件，参数也不尽相同。

常见的视频格式文件根据压缩编码的不同，主要有 AVI、MPEG（VCD/DVD）、DIVX、RealVideo、QuickTime（MOV/QT）、ASF/WMV、MP4、3GP、H.264 等格式。

Windows Media Player 是 Windows 7 自带的媒体播放器。打开 Windows Media Player 的方式有多种，除了通过在“开始”菜单中查找 Windows Media Player 打开外，还可以单击任务栏上的按钮，或是找到要播放的音频或视频文件，双击文件，系统会自动运行 Windows Media Player。

Windows 7 中的 Windows Media Player 有两种呈现模式：“媒体库”模式和“正在播放”模式，用户可以根据需要进行切换。

探究与实践

练习 1：将指定的一个媒体文件夹添加到媒体库中。
练习 2：创建一个自定义的播放列表。

5.3.2　视频的编辑

知识要点

在 Windows 7 中，提供了功能强大的 Windows DVD Maker，用于创建 DVD 视频光盘。制作 DVD 最快速的方法就是将图片和视频添加到 Windows DVD Maker 中，然后刻录 DVD。如果想让 DVD 具有创意，可以先自定义 DVD 菜单样式和文本，然后再刻录 DVD。Windows DVD Maker 能够完成图片和视频的简单编辑。

实战任务

任务　用 Windows DVD Maker 制作简单的 DVD 视频

任务描述：

用 Windows DVD Maker 制作一个标题为“我的视频”的 DVD 视频。

任务要点：

打开 Windows DVD Maker 软件并制作 DVD 视频光盘。

任务实施：

① 单击“开始→所有程序→Windows DVD Maker”，显示“将数字形式的美好回忆转换为 DVD”页面，如图 5-24 所示，然后单击“选择照片和视频”按钮。

② 单击“添加项目”，找到并选择要添加到 DVD 的视频和图片，如图 5-25 所示，然后单击“添加”按钮。若要选择多张图片或多个视频，请在按住 Ctrl 键的同时单击要添加的每张图片或每个视频。

图 5-24　Windows DVD Maker 的欢迎界面

图 5-25　将项目添加到 DVD

③ 若要更改视频和幻灯片的顺序，可用鼠标右键单击要移动的视频或幻灯片，然后单击“上移”⬆或“下移”⬇命令；若要从 DVD 中删除某个视频或幻灯片，可选择要删除的项目，然后单击“移除项目”，如图 5-26 所示。

图 5-26　项目中的图片和视频

④ 单击“DVD 标题”框，输入要显示在最终 DVD 上的标题，如图 5-27 所示，然后单击“下一步”按钮。

图 5-27　设计 DVD 标题

⑤ 选择菜单样式，然后单击“刻录”按钮，即可开始刻制 DVD 光盘，如图 5-28 所示。

Windows DVD Maker 允许用户自定义 DVD 菜单和菜单文本，以便用户能够制作自己的光盘并使其具有个性化的外观。这包括更改 DVD 菜单样式、菜单文本和 DVD 菜单按钮。而且，如果用户向 DVD 中添加了图片，还可以自定义这些图片在 DVD 上如何以幻灯片的形式播放，当然也可以添加音乐。

图 5-28　菜单样式的设计

技能与知识点解析

用 Windows DVD Maker 制作个性化的 DVD 视频。

1. 更改 DVD 菜单文本

① 在“准备刻录 DVD”页面上（见图 5-28）单击“菜单文本”，进入“更改 DVD 菜单文本”对话框，如图 5-29 所示。

图 5-29　“更改 DVD 菜单文本”对话框

② 单击“字体”框，然后选择菜单文本的字体；在“DVD 标题”框中，输入要使用的 DVD 标题；在“播放按钮”框中，输入单击用于播放 DVD 的按钮的标签；在“场景按钮”框中，输入用于单击查看 DVD 中不同场景的按钮的标签；在“注解按钮”框中，输入用于单击查看为 DVD 输入的任何注解的按钮的标签；在“注解”框中，输入希望在 DVD 中显示的任何注解。在屏幕右侧的预览窗格中将显示所做更改的静态预览。

③ 单击“更改文本”按钮，保存对文本所做的更改，并返回上一页。

2. 自定义 DVD 菜单

① 在“准备刻录 DVD”界面上单击“自定义菜单”，打开“自定义 DVD 菜单样式”界面，如图 5-30 所示。

图 5-30 “自定义 DVD 菜单样式”界面

② 在“自定义 DVD 菜单样式”界面中，单击“字体”框，然后选择一种字体；如果选择带前景和背景视频选项的菜单样式，请单击“前景视频”框旁边的“浏览”按钮，找到要在前景中显示的视频或图片，然后单击“添加”按钮；若要将图片或视频作为 DVD 主菜单的背景显示，请单击“背景视频”框旁边的“浏览”按钮，找到要在背景中显示的视频或图片，然后单击“添加”按钮；如果要在显示 DVD 菜单时播放音乐，请单击“菜单音频”框旁边的“浏览”按钮，找到要使用的音频文件（如 MP3 或 WMA 文件），然后单击“添加”按钮；单击“场景按钮样式”框，然后选择 DVD 中场景按钮的形状。若要预览 DVD 菜单并查看其外观，请单击“预览”按钮。预览完 DVD 后，请单击“确定”按钮。

③ 单击“更改样式”按钮，保存对此 DVD 所做的更改，并返回上一页。

探究与实践

练习：制作一个个性化相册。

5.4 技能与知识巩固

5.4.1 技能演练

1．找一首自己喜欢的歌曲，播放或者自己演唱，将其录制下来。并将该音频文件添加到 Windows Media Player 自定义的播放列表中。

2．以“我的故事”为题，录制自己生活的视频，利用 Windows DVD Maker 制作一张 DVD。

5.4.2 知识强化

一、填空题

1．Windows 7 自带的多媒体播放程序是__________。

2．Windows 7 自带的多媒体播放程序使用时有两种显示模式，分别是________模式和“媒体库”模式。

3．FPS 是表示________的单位，它代表__________。

4．视频文件事实上是由一帧帧_________与音频信息组合形成的。

5．计算机把模拟声音信号转换为数字化声音的过程称为_______，或称________变换。

二、选择题

1．Windows 7 中录音机录制的声音文件默认的扩展名为（　　）。

A．MP3　　B．WAV　　C．WMA　　D．RM

2．MP3 文件属于（　　）。

A．无损音频格式文件　　B．压缩音频格式文件

C．MIDI 数字合成音乐格式　　D．波形文件

3．使用 Windows DVD Maker 制作简单的 DVD 视频时，若要选择多个图片或视频，应在按住（　　）键的同时单击要添加的每张图片或每个视频。

A．Ctrl　　B．Shift　　C．Alt　　D．Esc

三、简答题

1．常见的视频文件的格式有哪些？

2．找一首喜欢熟悉的歌曲的伴奏音乐，伴随音乐演唱一遍，将其录制下来。并将该音频文件添加到 Windows Media Player 自定义的播放列表中。

3．录制一个自己生活的视频，利用 Windows DVD Maker 制作一个的 DVD。

第 6 章

Windows 7 网络应用

现如今人们的生活高速、便捷，讲求效率。之所以能让人们的生活有如此飞速的发展，最主要的原因是网络技术的普及。网络的应用，让世界的空间变小了，让时间的维度变大了，网络也成为人们生活中不可或缺的一部分。为了能更好地使用网络，正确地设置和应用网络变成一项基本技能。Windows 7 操作系统为人们提供了友好的网络设置界面，使人们能更加方便快捷地配置和使用网络。

学习要点

- 局域网组建高手——配置局域网
- 无线网络高手——配置无线网络
- 互联网设置高手——连接因特网

6.1 配置局域网

知识要点

在某一个区域经常会有数台计算机相互连接，它们可以共享文件，共享打印机，甚至可以共享软件和服务。在写字间、学校机房或者一个家庭中，由多台计算机通过网络中央设备互联成的小型网络，就称为局域网。正确配置网络参数，是让网络发挥作用的前提。

实战任务

任务 1　设置 TCP/IP 协议

任务描述：

在局域网中为某个计算机设置 TCP/IP 参数。

任务要点：

（1）找到 Windows 7 网络设置窗口并打开；

（2）找到 TCP/IP 设置界面并打开；

（3）正确设置 TCP/IP 参数。

任务实施：

① 单击“开始→开始菜单→控制面板”，在弹出的“控制面板”窗口中双击“网络和 Internet”，打开“网络和 Internet”窗口，如图 6-1 所示。

图 6-1 “网络和 Internet”窗口

② 在图 6-1 所示的窗口中单击“网络和共享中心”，打开“网络和共享中心”窗口，如图 6-2 所示。

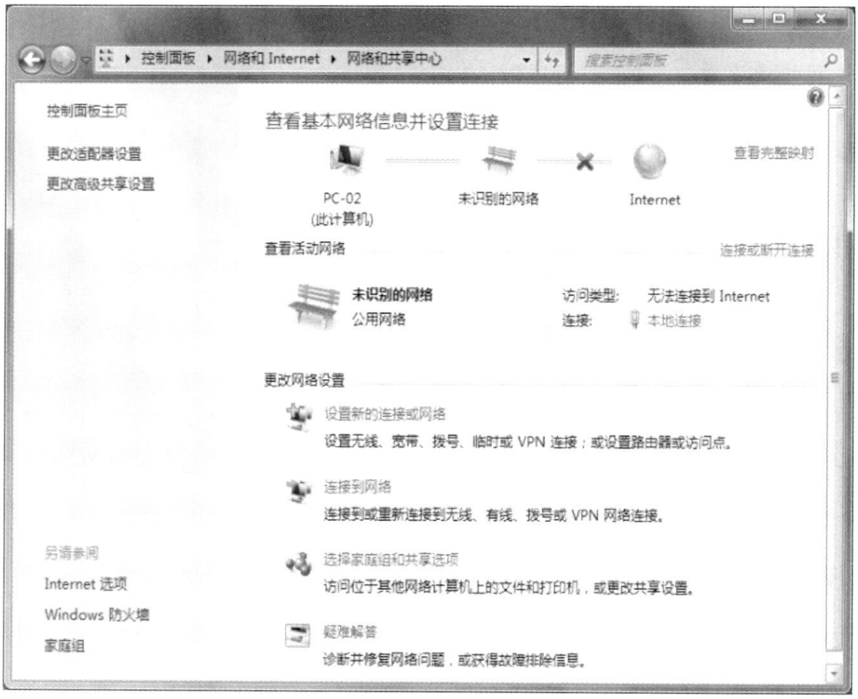

图 6-2 “网络和共享中心”窗口

③ 单击“更改适配器设置”，打开“网络连接”窗口，如图 6-3 所示。

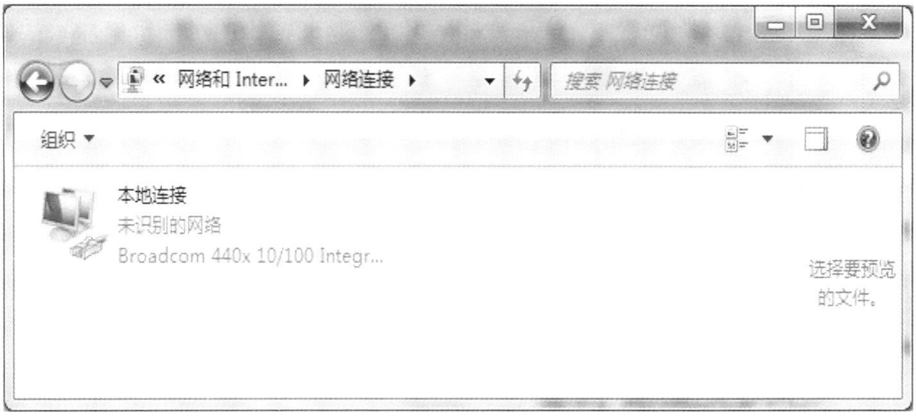

图 6-3　“网络连接”窗口

④ 鼠标右击“本地连接”图标，在弹出的快捷菜单中选择“属性”命令，弹出“本地连接 属性”对话框，如图 6-4 所示。

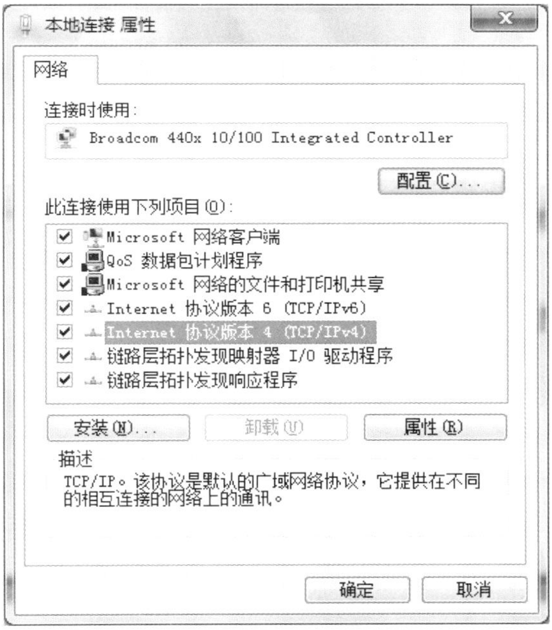

图 6-4　“本地连接 属性”对话框

⑤ 选中“Internet 协议版本 4（TCP/IPv4）”选项，单击“属性”按钮，弹出“Internet 协议版本 4（TCP/IPv4）属性”对话框，按照任务要求填写参数信息，然后单击“确定”按钮，完成 TCP/IP 参数配置，如图 6-5 所示。

⑥ 打开“网络和共享中心”窗口，我们会发现，网络连接状态标识已经从“未识别的网络”改变为“网络”，如图 6-6 所示。

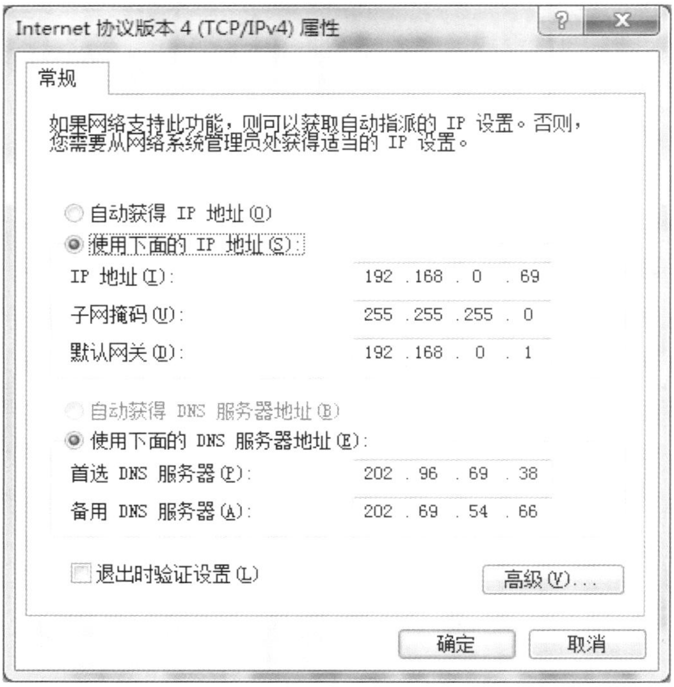

图 6-5 “Internet 协议版本 4（TCP/IPv4）属性”对话框

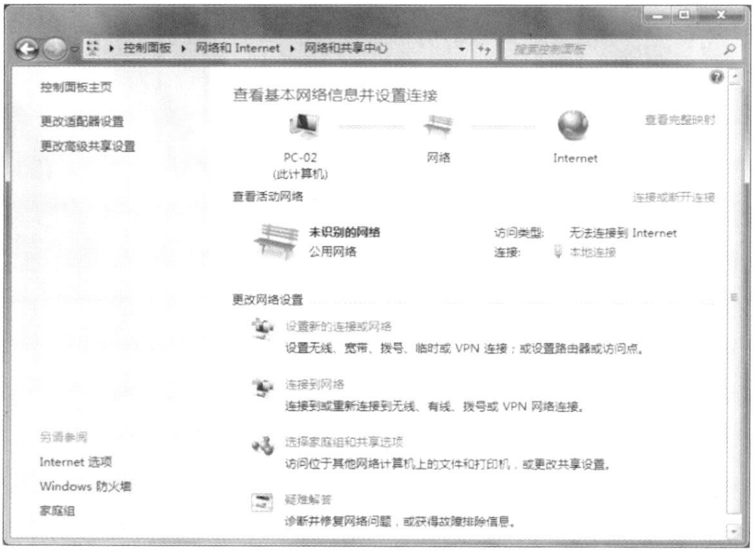

图 6-6 “网络和共享中心”窗口

任务 2 配置工作组

任务描述：

为局域网中的计算机配置工作组。学校机房中的计算机互联成一个局域网，现在要将连接到此局域网的名为“PC-01”的计算机加入已经建好的工作组“机房 401”中。

任务要点：

（1）查找工作组配置界面并打开；

（2）查看配置界面中的配置信息；

（3）正确配置计算机的计算机名和工作组。

任务实施：

① 鼠标右击桌面上的“计算机”图标，在弹出的快捷菜单中选择“属性”命令，打开“控制面板\系统和安全\系统”窗口，如图 6-7 所示。系统默认的工作组是“WORKGROUP”。

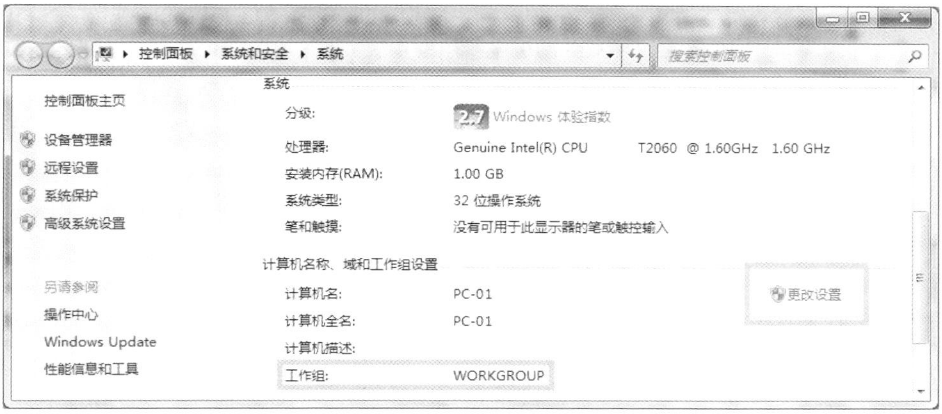

图 6-7　系统设置窗口

② 单击图 6-7 所示窗口中的“更改设置”，弹出“系统属性”对话框，如图 6-8 所示。

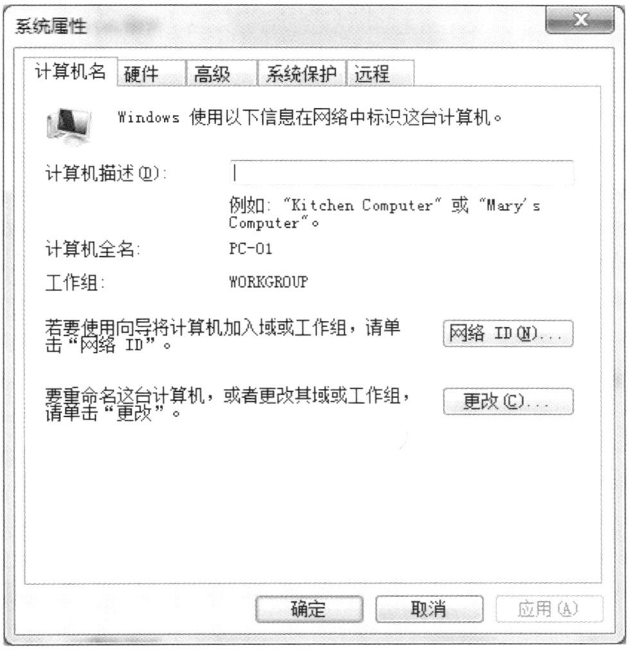

图 6-8　“系统属性”对话框

③ 单击“计算机名”选项卡中的“更改”按钮，弹出“计算机名/域更改”对话框，如图 6-9 所示。在“计算机名”文本框内写入“PC-01”，在“工作组”文本框内写入“机房 401”，单击“确定”按钮。

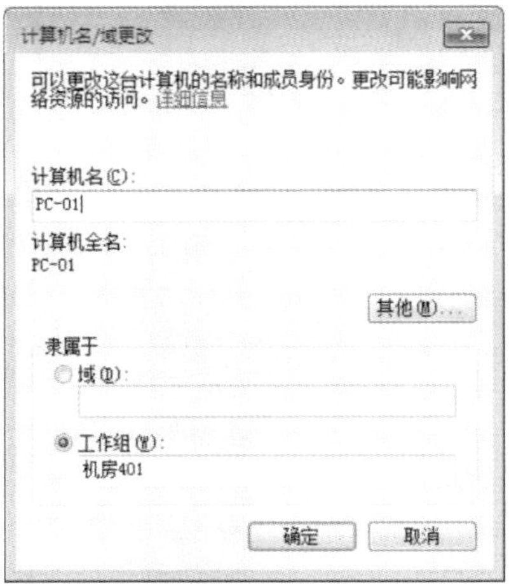

图 6-9 “计算机名/域更改”对话框

④ 重新启动计算机。

任务 3 设置共享资源

任务描述：

设置共享文件夹。学校机房正常运行的局域网中，有三台计算机分别为“PC-00”“PC-01”和“PC-02”，都在同一个工作组“机房 401”中，“网络位置”设置均为“工作网络”。现在要将计算机“PC-02”中名称为“work001”的文件夹设置为共享文件夹。

任务要点：

（1）确定共享目标文件夹；

（2）找到共享设置界面并打开；

（3）正确设置共享权限。

任务实施：

① 打开 Windows 资源管理器，找到“work001”文件夹，鼠标右击文件夹名称，在弹出的快捷菜单中选择“属性”命令，在打开的文件夹属性对话框中选择“共享”选项卡，如图 6-10 所示。

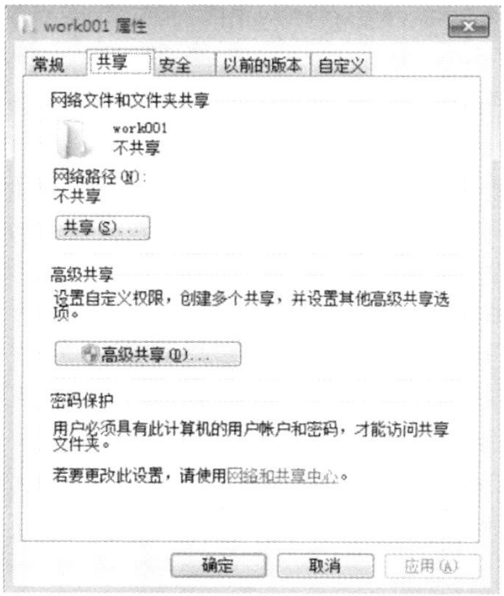

图 6-10 文件夹属性对话框

② 单击“高级共享”按钮，弹出“高级共享”对话框，如图 6-11 所示。选择“共享此文件夹”，默认的共享名是文件夹的名称，可以根据需要进行更改。

图 6-11　“高级共享”对话框

③ 单击“权限”按钮，弹出“共享权限”设置对话框，如图 6-12 所示。

图 6-12　“共享权限”设置对话框

单击“添加”“删除”按钮，可以对共享权限账户进行修改。在本例中，设置为 Everyone，表示所有访问本地计算机的用户，都可以在局域网中的其他计算机上，使用本地账号和密码访问共享文件夹“work001”。

在“组或用户名”区域中选择账户后，在图 6-12 所示对话框下方的权限列表区域，可以对指定的共享账户的访问权限进行设置。如果只选择“读取”，共享账户就不能对文件夹的内容进行任何修改操作。

④ 单击“确定”按钮，完成共享权限及高级共享设置。

任务 4 访问共享资源

任务描述:

访问局域网中的共享文件夹。在任务 3 中，将计算机“PC-02”中“work001”文件夹设置为共享文件夹。现要在计算机“PC-01”上，通过网络访问共享文件夹“work001”。

任务要点:

（1）找到共享文件夹所在的确切位置;

（2）输入访问账号和密码;

（3）访问共享文件夹。

任务实施:

① 打开计算机“PC-01”的“计算机”窗口，单击窗口左侧组织结构图中的“网络”，窗口右侧的显示区域就显示出本地计算机所能搜索到的网络中的所有计算机。双击“PC-02”，弹出“输入网络密码”对话框，如图 6-13 所示。

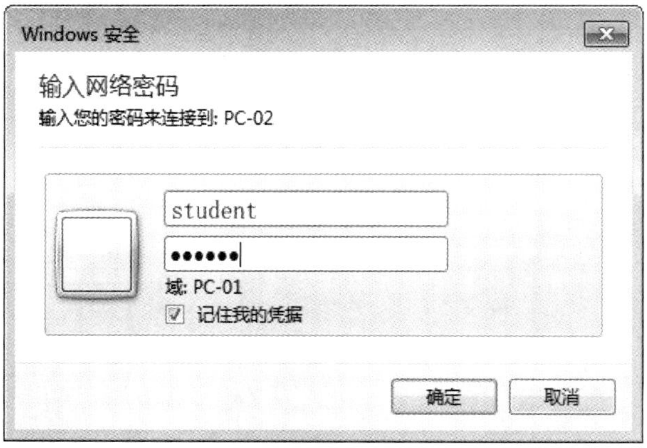

图 6-13 “输入网络密码”对话框

② 输入在“PC-02”计算机中已经设定的账号“student”及密码，单击“确定”按钮后，就进入共享文件夹“work001”。可以在账号“student”权限范围内对文件夹里的资源进行操作。

任务 5 映射网络驱动器

任务描述:

将一个网络共享文件夹映射成本地计算机的驱动器。在任务 3 中，已经将计算机“PC-02”中的文件夹“work001”设置为共享文件夹。现要在同一局域网的计算机“PC-01”中，将共享文件夹按钮“work001”设置为网络驱动器“P”。

任务要点:

（1）确定要映射为网络驱动器的共享文件夹;

（2）打开设置界面;

（3）选择驱动器符号。

任务实施:

① 双击计算机“PC-01”桌面上“计算机”图标，打开“计算机”窗口，单击“映射网络驱动器”，弹出“映射网络驱动器”的对话框，如图 6-14 所示。打开“驱动器”下拉菜单，选择驱动器符号“P”，单击“浏览”按钮，选择“PC-02”下的共享文件夹“work001”，单击“确

定”按钮。

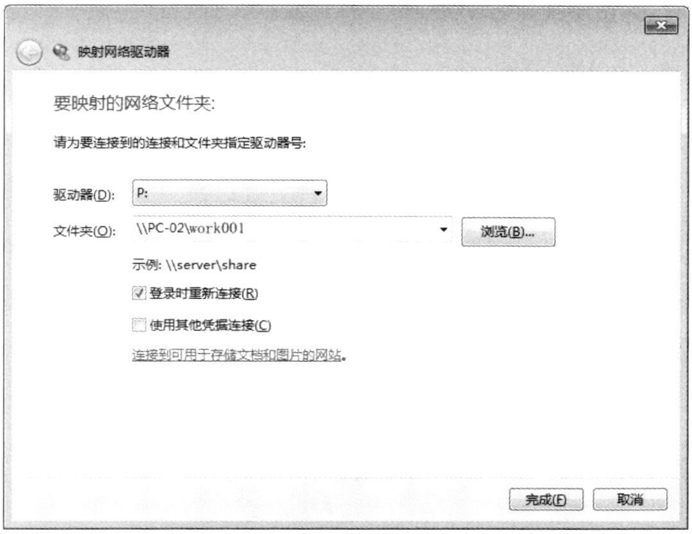

图 6-14　“映射网络驱动器”对话框

② 打开“计算机”窗口，在窗口中显示映射的网络驱动器标识，如图 6-15 所示。

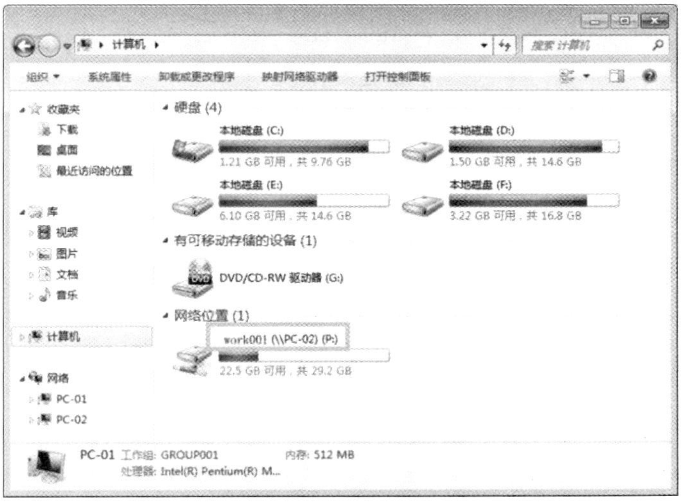

图 6-15　显示网络映射驱动器窗口

任务 6　配置和使用共享打印机

任务描述：

将局域网中的打印机设置为共享打印机。为办公室内局域网中的计算机“PC-01”连接一台打印机，并将该打印机设置为共享打印机。

任务要点：

（1）找到打印机并为其设置共享功能；

（2）找到打印机属性设置对话框并打开；

（3）正确配置打印机共享参数。

任务实施:

① 单击“开始”按钮，在“开始菜单”中单击“设备和打印机”命令，打开“设备和打印机”窗口，如图 6-16 所示。

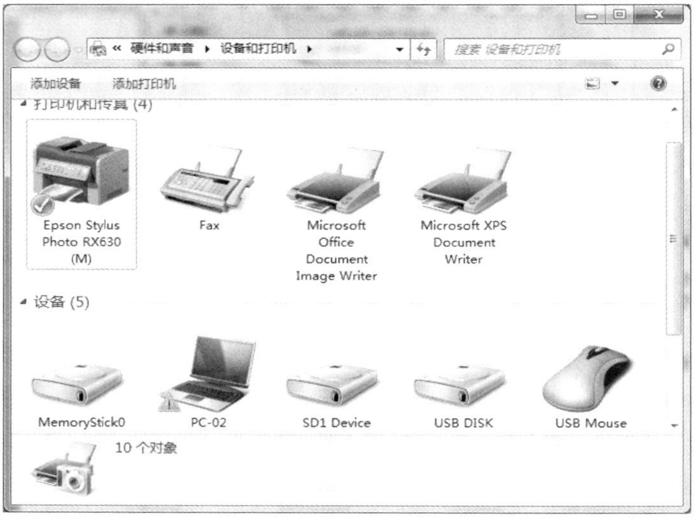

图 6-16 “设备和打印机”窗口

② 鼠标右击默认打印机图标，在弹出的快捷菜单中选择“打印机属性”命令，弹出打印机属性对话框，如图 6-17 所示。

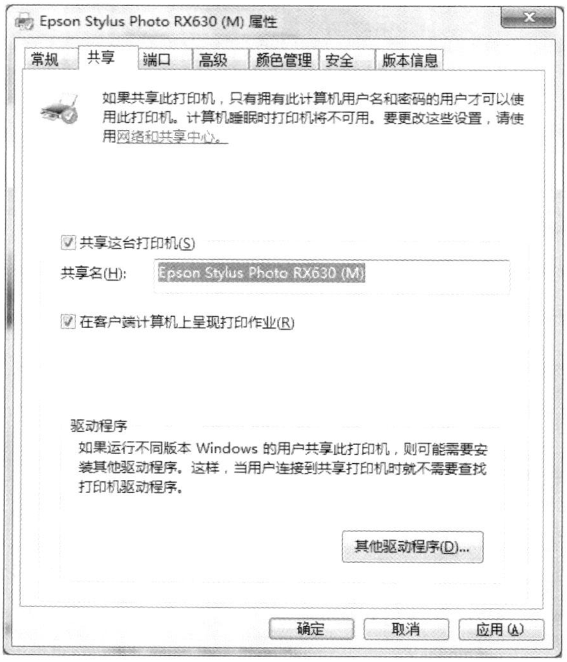

图 6-17 打印机属性对话框

③ 单击“共享”选项卡，选择“共享这台打印机”，系统默认打印机的型号作为共享打印机的共享名。单击“确定”按钮，完成设置。

技能与知识点解析

1．TCP/IP 协议

TCP/IP 协议是因特网最基本的协议。TCP/IP 是 Transmission Control Protocol/Internet Protocol 的简写，中文通常翻译为传输控制协议/因特网互联协议。

TCP（传输控制协议）的作用是负责发现信息传输中出现的问题，直到所有数据安全正确地传输到目的地。

IP（因特网互联协议）是给因特网中每台计算机规定一个地址。在应用因特网时，要实现网络设备顺利访问网络资源，必须正确配置 TCP/IP 参数。

2．IP 地址

1）IP 地址概念

IP 地址是连接到网络中计算机的地址标识，用二进制数表示，长度有 32 位（IPv4）和 128 位（IPv6）两种。当前使用的主要是 32 位的 IPv4 地址，目前该地址资源已经枯竭，IPv6 将成为未来主要使用的 IP 地址类型。

在 IPv4 地址中，将 32 位二进制数分为 4 组，每组 1 字节。在表示 IP 地址时，每一字节用十进制数表示，数值范围是 0～255。十进制数之间用点分开，如 202.96.69.112，这种书写 IP 地址的方法叫作点分十进制表示法。

2）IPv4 地址的分类

一般将 IPv4 地址按照节点计算机所在网络的规模分为 A～E 共五类地址，常用的是 A、B、C 三类 IP 地址。通常情况下，A 类地址适用于大规模的网络；B 类地址适用于中等规模的网络；C 类地址适用于较小规模的网络。

3）IP 地址分配方式

IP 地址的分配主要有静态分配方式和动态分配方式两种。静态分配方式是指给每一台计算机都分配一个固定的 IP 地址。动态分配方式是指仅当用户计算机需要连入网络工作时，才由装载动态主机配置协议（DHCP）的网络设备，在系统所掌握的可分配 IP 地址空间中，随机挑选一个 IP 地址给用户使用。

3．子网掩码

子网掩码又称网络掩码、地址掩码，是一个 32 位二进制数，与 IPv4 地址的表示方法相同，用点分十进制数表示。自定义子网掩码可以在网络中划分子网。子网掩码通常包含网络域和主机域两个部分，网络域地址的二进制数都为“1”，主机域地址的二进制数都为“0”。表 6-1 表示的是各类网络与子网掩码的对应关系。

表 6-1　网络类别和子网掩码的对应关系

网 络 类 别	默认子网掩码
A	255.0.0.0
B	255.255.0.0
C	255.255.255.0

4．网关

网关又称网间连接器、协议转换器，当一个网络要与其他网络或因特网互联时，要通过网关来转发数据。在使用中，通常把网关看成是一个网络通向其他网络的 IP 地址，这个 IP 地址通常是局域网中具有路由功能设备的 IP 地址，如路由器、代理服务器、智能交换机等。

5. 工作组

工作组是网络中组织计算机的一种方法，通常一个工作组的计算机数量不超过 20 台。在网络中运行 Windows 操作系统的计算机必须属于某个工作组或某个域。工作组具有以下几个特点：

① 工作组中所有的计算机都是对等的，一台计算机不能控制另一台计算机。

② 每台计算机都具有一组用户账户。如果要通过网络登录到工作组中的任何一台计算机，那么必须具有这台计算机上的账户。

③ 工作组本身没有密码保护设置功能，在同一本地网络或子网中的计算机都可以加入，但不在同一本地网络或子网中的计算机不能加入。

6. 高级共享

“网络和共享中心”窗口左侧有“更改高级共享设置”链接。在“高级共享设置”窗口中，可以看到系统根据网络的不同而创建的单独的网络配置文件，主要分为“工作和家庭”与“公用”两种。用户可以根据自己的使用需要，对每个配置文件选择特定的选项。

7. 网络映射

映射是指网络上计算机和设备的图形视图，在这个视图中显示了这些计算机和设备的连接方式。

探究与实践

练习 1：根据“任务 1”，试着设置自己的计算机“自动获得 IP 地址”。

练习 2：根据“任务 2”，试着将自己的计算机名改为自己的真实姓名，工作组改为“HOME”。

练习 3：根据“任务 3”，试着在自己计算机的 D 盘下建立一个文件夹，命名为“OFFICE”，将其文件共享，并设置权限为只能读不能写。

6.2 配置无线网

知识要点

笔记本电脑、手机和平板电脑的全面普及，让人们对网络使用有了更多、更广的需求。为了满足人们的需求，可以更为方便地使用网络资源，让各种移动终端接入无线网络成为人们必备的技能。

实战任务

任务 为内置无线网络适配器的计算机配置网络参数

任务描述：

在校园寝室中，有很多同学使用笔记本电脑，为了能让这些同学方便快捷地使用网络，就需要将这些笔记本电脑的内置无线网络适配器连接到校园无线网络中。

任务要点:

(1) 找到 Windows 7 系统中的无线网络管理窗口并打开;

(2) 了解无线网络标识、加密方式和网络密钥;

(3) 正确设置无线上网参数;

(4) 正确连接无线局域网络。

任务实施:

① 单击“开始→控制面板→网络和 Internet→查看网络状态和任务”,打开“网络和共享中心”窗口,单击窗口左侧的“管理无线网络”,弹出“管理使用(无线网络连接)的无线网络”窗口,如图 6-18 所示。

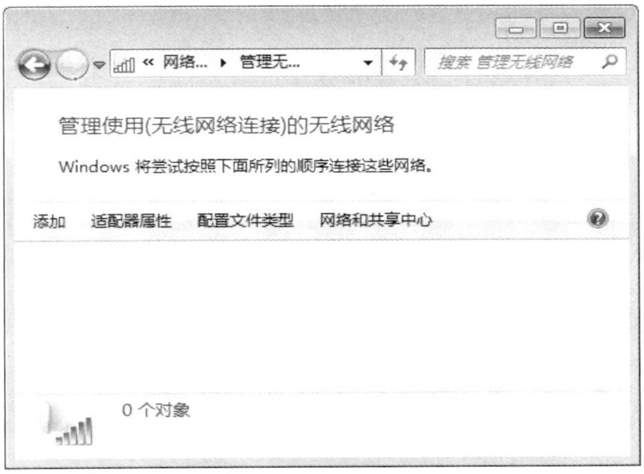

图 6-18　“管理使用(无线网络连接)的无线网络”窗口

② 单击“管理使用(无线网络连接)的无线网络”窗口中的“添加”按钮,弹出“手动连接到无线网络”窗口,如图 6-19 所示。

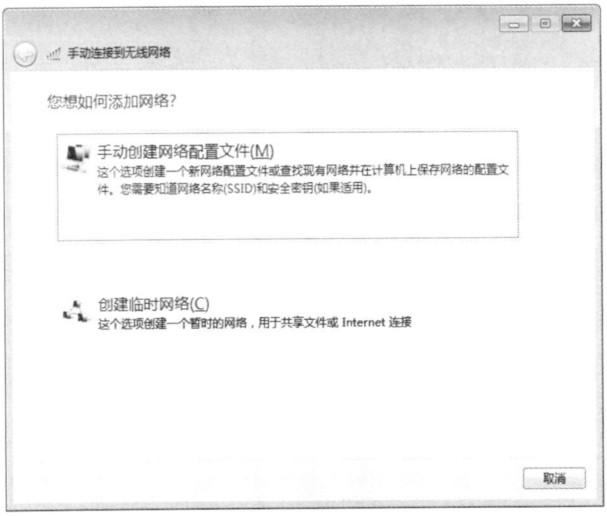

图 6-19　“手动连接到无线网络”窗口

③ 选择“手动创建网络配置文件”，弹出提示输入无线网络配置信息的对话框，如图 6-20 所示。

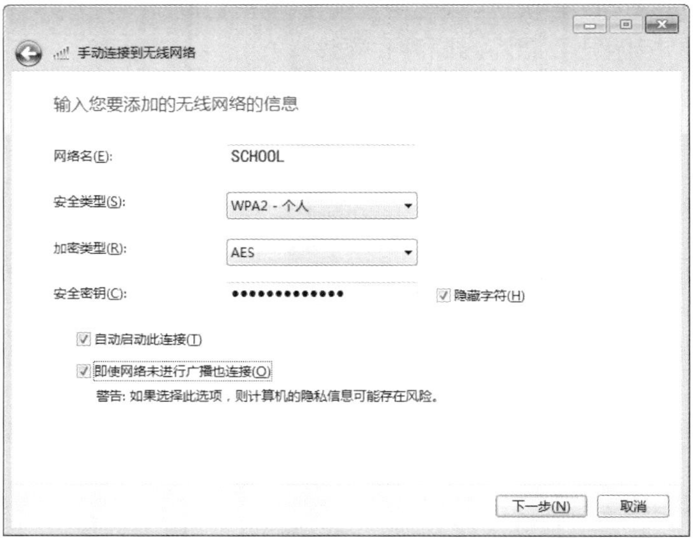

图 6-20　添加无线网络配置信息对话框

④ 正确输入网络名、安全类型、加密类型及安全密钥，选择“自动启动此连接”及“即使网络未进行广播也连接”选项。（本任务设为 SCHOOL）

⑤ 单击“下一步”按钮，弹出成功添加无线网络对话框，如图 6-21 所示。单击“关闭”按钮，完成设置。

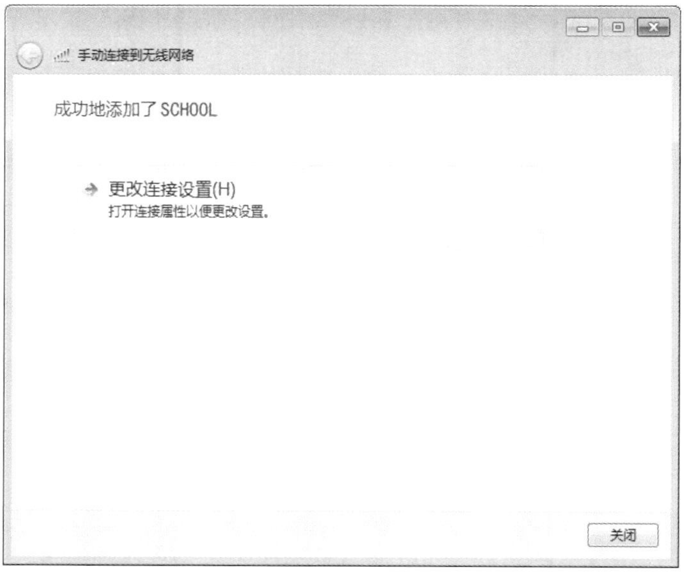

图 6-21　成功添加无线网络对话框

⑥ 再次打开管理无线网络窗口，窗口显示了新添加的无线网络标识“SCHOOL”，如图 6-22 所示。

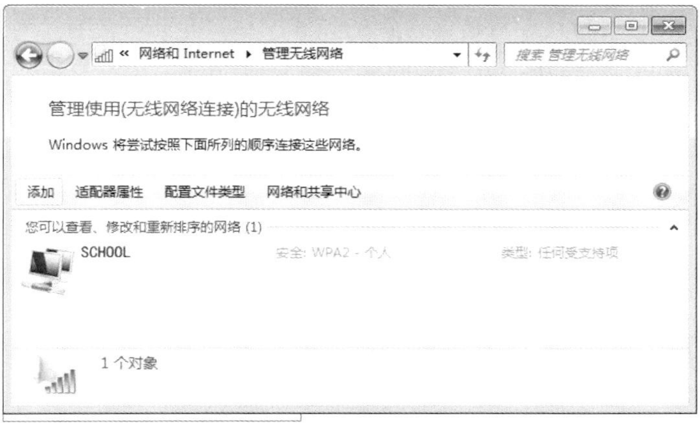

图 6-22　成功添加无线网络后的管理无线网络窗口

⑦ 鼠标右击无线网络图标“SCHOOL”，弹出快捷菜单，如图 6-23 所示，可以对这个无线网络进行重命名和删除操作，也可以对它的属性进行设置。

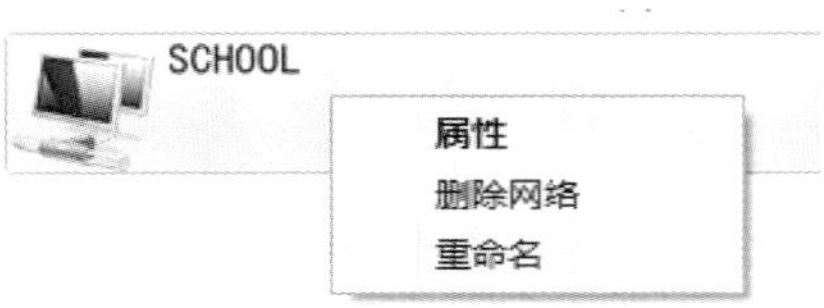

图 6-23　无线网络管理快捷菜单

⑧ 鼠标单击任务栏右侧的无线网络连接图标，弹出显示网络连接状态的窗口，如图 6-24 所示。

图 6-24　可用的网络连接列表

⑨ 对于已经成功添加的无线网络“SCHOOL”，单击该网络名称后会弹出“连接”按钮，单击“连接”，即可进入此无线网络。此时，图 6-24 所示网络名称“SCHOOL”后面显示“已

连接”。而对于其他未加入的且设置访问密钥的无线网络，单击“连接”按钮后会弹出“键入网络安全密钥”对话框，如图 6-25 所示。

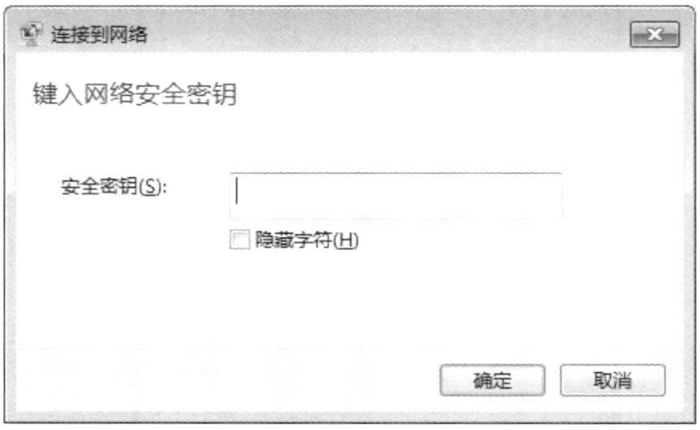

图 6-25　“键入网络安全密钥”对话框

⑩ 连接成功。

技能与知识点解析

1. 无线路由器

无线路由器是用于用户上网、带有无线覆盖功能的路由器。无线路由器可以看作一个转发器，将家中墙上接出的宽带网络信号通过天线转发给附近的无线网络设备（笔记本电脑、支持 Wi-Fi 的手机、平板电脑以及所有带有 Wi-Fi 功能的设备）。市场上流行的无线路由器一般都支持专线 XDSL/Cable、动态 xdsl、pptp 四种接入方式，其还具有其他一些网络管理的功能，如 dhcp 服务、nat 防火墙、mac 地址过滤、动态域名等功能。市场上流行的无线路由器一般只能支持 15～20 个以内的设备同时在线使用。一般的无线路由器信号范围为半径 50m，现在已经有部分无线路由器的信号范围达到了半径 300m。

2. 无线网络适配器

无线网络适配器即无线网卡，是终端无线网络的设备，是不通过有线连接、采用无线信号进行数据传输的终端。无线网卡根据接口不同，主要有 PCMCIA 无线网卡、PCI 无线网卡、MiniPCI 无线网卡、USB 无线网卡、CF/SD 无线网卡等几类产品。

探究与实践

练习：根据本节任务试着自动搜索 Wi-Fi 信号，然后根据正确的账号和密码进行连接。

6.3　连接因特网

知识要点

因特网是人们目前最为常用的通信媒介，它已经渗透到人们生活和工作中的方方面面。而对于大部分家庭来说，通过 ADSL 接入因特网又是一种最为普遍的方式。

实战任务

任务 1　通过 ADSL 接入因特网

任务描述：

一台安装了 Windows 7 操作系统的计算机，安装有线网络适配器（网卡），通过网线与 ADSL 拨号器连接，ADSL 拨号器连接电话线路。已经向网络服务提供商（ISP）申请了用户账号，设置好密码，现在需要将这台计算机接入因特网。

任务要点：

（1）设置网络连接窗口；

（2）选择连入因特网的方式；

（3）输入账号和密码；

（4）连接因特网。

任务实施：

① 打开“网络和共享中心”窗口，在“更改网络设置”区域中，单击“设置新的连接或网络”，弹出“设置连接或网络”对话框，如图 6-26 所示。

图 6-26　“设置连接或网络”对话框

② 单击“连接到 Internet”，单击“下一步”按钮，弹出选择连接方式的对话框，如图 6-27 所示。

图 6-27　选择连接方式对话框

③ 单击“宽带（PPPoE）”，弹出“键入您的 Internet 服务提供商（ISP）提供的信息”对话框，如图 6-28 所示，正确填写用户名和密码。

图 6-28　键入用户名和密码对话框

④ 单击“连接”按钮，系统进行检测，成功后，弹出“连接到 Internet”对话框，如图 6-29 所示。

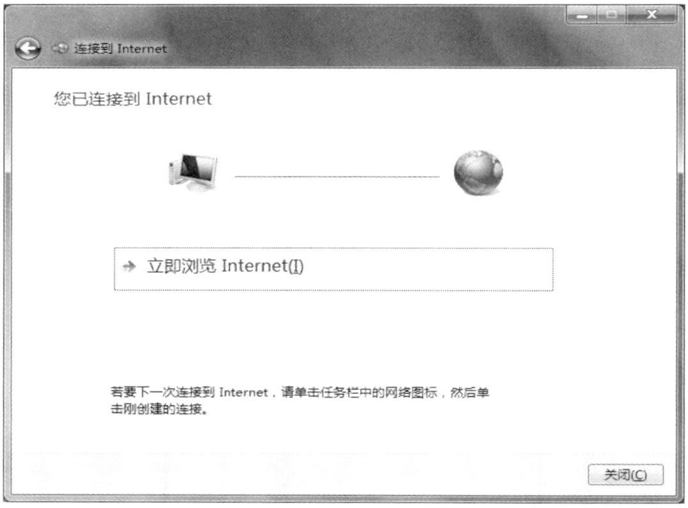

图 6-29　“连接到 Internet”对话框

⑤ 单击“立即浏览 Internet”，即可浏览因特网。在下一次要连接到因特网时，打开“网络和共享中心 更改适配器设置”窗口，双击“宽带连接”（为方便使用，可以在桌面建立“宽带连接”快捷方式，也可以单击任务栏右侧的“网络 Internet 访问”连接图标，在弹出的对话框中单击“宽带连接”，然后单击“连接”按钮），弹出“连接 宽带连接”对话框，如图 6-30 所示。输入用户名和密码。如果选择“为下面用户保存用户名和密码”，则在下一次连接时，不必再次输入用户名和密码。最后，单击“连接”按钮，连接到因特网。

图 6-30　“连接 宽带连接”对话框

任务 2　将局域网中的计算机接入因特网

任务描述:

当某局域网已经搭建好后，该局域网的中央设备是一个无线宽带路由器。已经向网络服务提供商成功申请了 ADSL 上网账号，网络服务商提供连接因特网的网线已经接入此局域网。(本任务使用 MERCURY 水星公司生产的 300M 宽带路由器，型号为 MW325R 进行设置，有四个 LAN 接口，一个 WAN 接口)

任务要点:

(1) 正确设置宽带路由器，使其局域网内的计算机共享接入因特网;

(2) 配置计算机网络参数。

任务实施:

① 将连接因特网的网线接到无线宽带路由器的 WAN 端口，实现办公室局域网与因特网硬件连接，如图 6-31 所示。

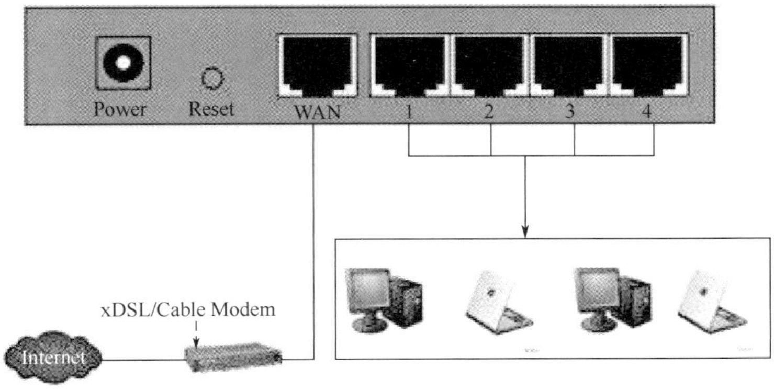

图 6-31　路由器硬件接口连接示意图

② 打开局域网内的一台计算机，在 IE 浏览器的地址栏中输入无线宽带路由器的管理 IP 地址“192.168.1.1”（不同产品可能要求不同的管理 IP，要根据产品说明书确定管理 IP 地址）。单击“连接”按钮后，弹出用户名、密码输入对话框，如图 6-32 所示。

图 6-32　宽带路由器设置输入用户信息界面

③ 输入默认的用户名和密码“admin”后，进入设置界面。单击页面右下角的向右箭头进行设置，如图 6-33 所示。

图 6-33　账号密码登录界面

④ 进入选择上网方式页面，如图 6-34 所示。根据网络服务提供商提供的上网方式，选择“宽带拨号上网”，输入网络服务提供商提供的正确的账号和密码。

图 6-34　上网方式及账号、密码的设置

⑤ 单击右下角的向右箭头，进入宽带路由器无线网络参数设置页面，如图 6-35 所示。正确设置此参数，可以使局域网中配备无线上网设备的计算机或手机等设备加入无线局域网络。

图 6-35　设置路由器无线网络参数页面

⑥ 单击右下角的向右箭头，进入设置完成界面，如图 6-36 所示。

图 6-36　完成路由器设置页面

⑦ 单击绿色的“√”，宽带路由器自动重启后，设置生效，局域网中的计算机实现共享接入因特网。

技能与知识点解析

1. 因特网

因特网是 Internet 的中文译名，是指在全球范围，由采用 TCP/IP 协议族的众多计算机网络相互连接而成的最大的开放式计算机网络。

2. 宽带路由器

宽带路由器是一种新兴的网络产品，它随着宽带的普及而产生。宽带路由器在一个非常紧凑的箱子中集成了网关、路由器、防火墙等功能，具有快速转发、灵活的网络管理和丰富的网络状态等特点。大多数路由器集成了 10/100Mbps 宽带以太网 WAN 接口，并且内置多口 10/100Mbps 自适应交换机，方便多台机器连接内部网络与因特网，可以广泛应用于家庭、学校、网吧、小区接入、企业等场所。

探究与实践

练习 1：试着更改无线路由器的登录密码。

练习 2：试着更改无线路由器的连接密码。

练习 3：试着设置无线路由器可以移动终端的数目不超过 3 个。

6.4 技能与知识巩固

6.4.1 技能演练

组建一个小规模的局域网，完成局域网的相关数据参数设置，进行网络配置，最后实现其中一台计算机的资源共享、打印机共享。

6.4.2 知识强化

一、填空题

1．TCP/IP 的网络层最重要的协议是________，它可将多个网络连成一个互联网。

2．Internet 所提供的三项基本服务是______，________，___________。

3．域名系统 DNS 是一个________________系统。

二、选择题

1．Internet 使用的基本协议是（　　）。

A．TCP/IP　　B．PPP　　C．E-mail　　D．Ethernet

2．局域网络的硬件由（　　）组成。

①网络服务器 ②网络工作站 ③网卡 ④Modem ⑤传输介质

A．①②③④　　B．①②③⑤　　C．①②④⑤　　D．①②③④⑤

3．世界上第一个计算机网络是（　　）。

A．ARPANET　　B．ChinaNet　　C．Internet　　D．CERNET

4．Internet 上的各种不同网络及不同类型的计算机进行相互通信的基础是（　　）。

A．HTTP　　B．IPX/SPX　　C．X.25　　D．TCP/IP

5．为网络提供共享资源并对这些资源进行管理的计算机称之为（　　）

A．网卡　　B．服务器　　C．工作站　　D．网桥

三、简答题

1．请概括阐述 TCP/IP 协议。

2．什么是工作组？阐述工作组的特点。

第 7 章

因特网应用

因特网（Internet）又称国际计算机互联网，是目前世界上影响最大的国际性计算机网络。其准确的描述是：因特网是一个网络的网络（a network of network）。它以 TCP/IP 网络协议将各种不同类型、不同规模、位于不同地理位置的物理网络连接成一个整体。它也是一个国际性的通信网络集合体，融合了现代通信技术和现代计算机技术，集各个部门、领域的各种信息资源为一体，从而构成网上用户共享的信息资源网。它的出现是世界由工业化走向信息化的必然和象征。

学习要点

- IE 浏览器
- 使用搜索引擎检索信息
- 电子邮件的使用
- 即时通信软件的应用
- 网上购物流程
- 云存储和移动学习

7.1 IE 浏览器

知识要点

因特网上有文本、声音、图像、视频等大量、丰富的信息，浏览器是用户通向因特网的桥梁和获取因特网信息的窗口，通过浏览器用户可以漫游于浩瀚的因特网海洋之中，搜索和浏览自己感兴趣的所有信息。

目前应用比较广泛的浏览器软件有 Internet Explorer（简称 IE）、360、Firefox、Chrome 等，IE 浏览器是其中最为常用的一种。Windows 7 操作系统中内置安装的 IE 11 浏览器，使用户浏览因特网更加方便、快捷、安全。

实战任务

任务　浏览网页、保存网页和图片并下载相应资源

任务描述：

查阅新闻事件，收藏经常访问的网站（页面），打开多个网页浏览，下载资源。

任务要点：

（1）打开 IE 11 浏览器；

（2）尝试使用不同方式打开网页；

（3）收藏网站页面；

（4）使用加速器；

（5）下载图片和文件。

任务实施：

① 单击任务栏中的快捷图标，或者单击“开始→所有程序→Internet Explorer”命令，启动 IE11 浏览器。

② 在 IE 浏览器的“地址栏”中输入新浪网网址并按“回车”键，打开新浪网站的主页，如图 7-1 所示。

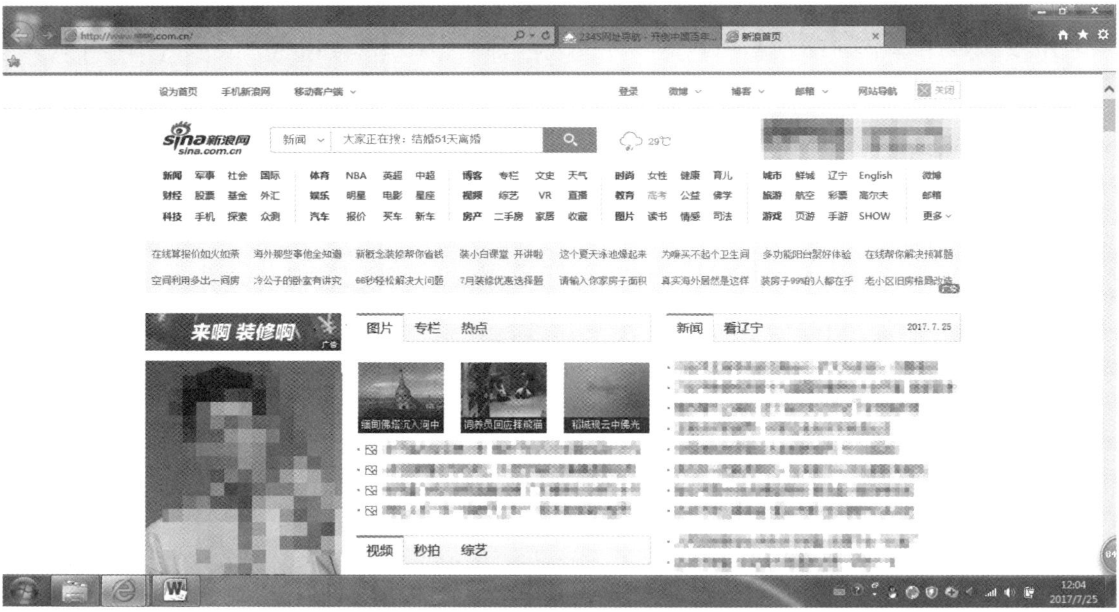

图 7-1　新浪网页

③ 单击 IE 浏览器右上角的收藏夹图标“★”，单击“添加到收藏夹”按钮，可以打开“添加收藏”对话框，如图 7-2 所示。单击“添加”按钮，把“新浪”主页的网址添加到收藏夹中。下次再访问新浪网站时，单击“★”，打开 IE 浏览器的收藏夹，单击收藏在里面的“新浪”链接即可访问新浪网站，如图 7-3 所示。

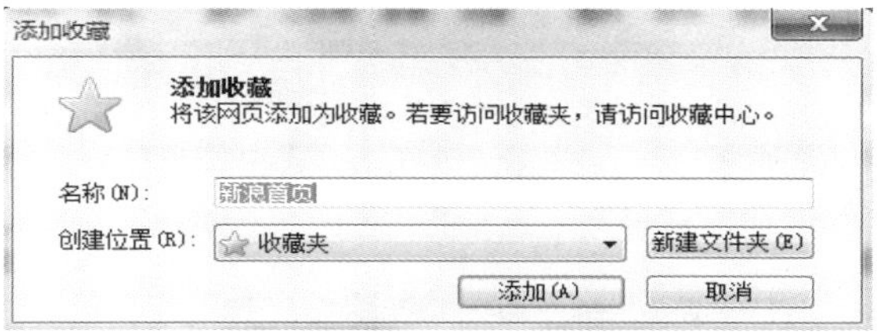

图 7-2　收藏网页

图 7-3　单击收藏夹中的“新浪”链接打开新浪主页

④ 选项卡浏览。单击导航栏里的“军事”链接，“军事频道”页面就在新浪主页同一个窗口中新的一个标签页中打开，如图 7-4 所示；若鼠标右击“军事”链接，在弹出的快捷菜单中选择“在新窗口中打开”命令，则会打开一个新的小窗口，如图 7-5 所示。

图 7-4　在新标签页中打开“军事”链接

图 7-5　在新窗口中打开“军事”链接

⑤ 如果想在使用 IE 中浏览网页后不留任何痕迹，需要启动 IE 11 的隐私浏览功能。单击工具栏中的“安全”链接，在弹出的下拉菜单中选择“InPrivate 浏览（I）”，即打开隐私浏览窗口，如图 7-6 所示。

图 7-6　隐私浏览窗口

⑥ IE 11 中的“加速器”可以让我们无论在浏览哪个网页时，都可以更加方便、快捷地直接调用所需要的网络服务，而不需要打开新的窗口。只需要在网页上选中任意文本，单击蓝色的“加速器”图标或鼠标右键，就可以直接基于该内容进行搜索、查看地图、翻译及更多操作。例如，在浏览新闻网页时，想知道网页中“航母”这个词的英文翻译，用鼠标选中“航母”，单击弹出的加速器图标（或者鼠标右击选中的内容），在弹出的菜单中选择“使用 Bing 翻译”，就可以立刻打开翻译页面，如图 7-7 所示。类似方便快捷的加速器还有很多，读者自己也可以从因特网上查找并添加。

图 7-7　使用加速器

⑦ 若要从网页中下载软件，可打开软件资源下载的链接地址网页，单击其中的“本地下载”“电信下载”或“网通下载”等字样的链接，如图 7-8 所示。在屏幕下方会弹出下载对话框，如图 7-9 所示，单击“保存”按钮默认下载到 D 盘用户目录路径下的“下载”文件夹中；单击“另存为”按钮下载到指定的盘符路径下。

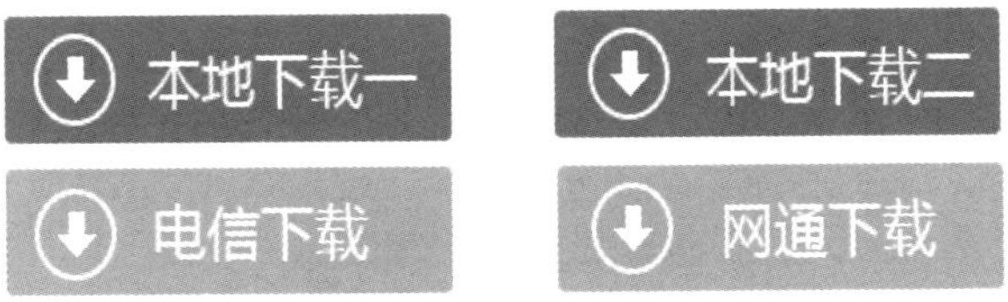

图 7-8　软件资源下载的链接地址

⑧ 在浏览网页时发现有需要保存的图片，直接用鼠标右击图片，在弹出的快捷菜单中选择“另存为”命令，如图 7-10 所示，即可完成图片的保存。

图 7-9　软件资源下载对话框

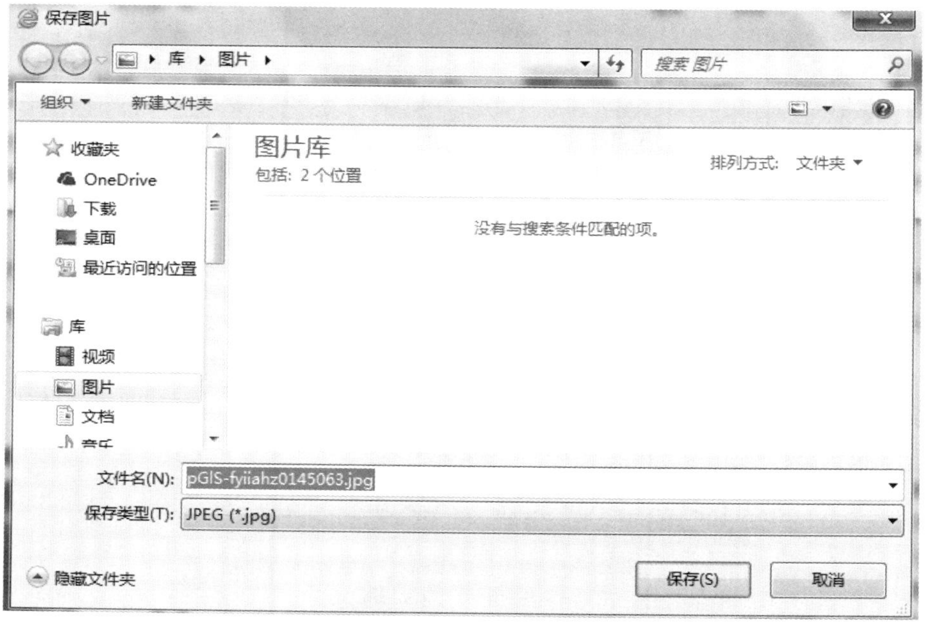

图 7-10　在网页中选择图片另存为对话框

技能与知识点解析

1. Internet 的定义

Internet 是由多个不同结构的网络，通过统一的协议和网络设备，即通过 TCP/IP 协议和路由器等互相连接而成的、跨国界的、世界范围的大型计算机互联网络。建立 Internet

最主要的目的就是在计算机之间交换信息和共享资源，例如，通过 Internet 浏览、检索和传递软件、信息资源和电子邮件。因此，Internet 是当今世界上最大的数据信息库和最经济的联络与沟通途径。

2. Internet 的语言——TCP/IP 协议

TCP/IP 协议及其包含的各种实用程序，为 Internet 上的各种不同用户和计算机提供了互联和互相访问的能力。因此，若要充分利用 Internet 上的各种资源，必须熟练掌握该协议的安装、配置、检测和使用技术。TCP/IP 协议集中了许多通信标准和实用程序。这些标准或程序为网络上的用户提供各种资源和服务，常用的有：

① HTTP——提供使用超文本传输协议的 WWW 信息资源浏览服务。

② FTP——文本传输协议，提供文本传送服务。

③ DNS——域名系统，提供 IP 地址到域名或主机名的转换服务。

④ DHCP——动态主机配置协议，提供动态 IP 地址的管理服务。

⑤ Telnet——使用 Telnet 协议提供远程登录，访问 Telnet 信息资源空间服务。

⑥ Ping——是 TCP/IP 中的实用诊断服务程序，提供测试网络连通性的服务。

⑦ Ipconfig——IP 配置协议可以提供 IP 地址的各种配置信息，以便对网络进行分析。

⑧ TCP/IP 网络打印服务——允许从各种环境下访问网络打印机，提供相应的服务。

⑨ SMTP 电子邮件服务——为用户提供电子数据方式的电子邮件的传输服务，使用户可以快捷、方便地传送电子邮件信息。

3. Internet 的主要应用

Internet 是当今世界上最大的数据库，它能为我们提供的常用服务类型如下：

① E-mail（电子邮件）服务。

② WWW 访问服务——通过使用 HTTP（超文本传输协议），人们使用浏览器可以轻松地访问和浏览因特网世界。

③ FTP（文件传输）服务——Internet 上有许多免费和共享的软件、二进制的图片文件、声音、图像和动画文件，还有各种书籍和参考资料，可以采用 FTP 传输到计算机上。

④ 网络传真。

⑤ IP 电话。

⑥ 网络视频会议。

⑦ 网络游戏。

⑧ 其他服务——如网上论坛（BBS）、网上购物、网上交易、远程教学等。

4. Web 服务的基本概念

WWW 服务又称为 Web 服务，信息按超文本方式组织，用户直接看到的是文本信息，并可以通过链接跳转到其他文本信息。用户通过浏览器向 WWW 服务器发送请求，服务器将请求的页面发送给浏览器，浏览器接收到页面后解释并显示。

5. IP 地址

IP 地址是 Internet 中使用的一种地址。访问 Internet 时，可以使用 IP 地址来访问 Internet 中的各种资源。IP 地址是由 4 段十进制数字组成的，它们代表了 32 位二进制数字，例如，168.160.226.12。

6．DNS 域名系统

在 Internet 中，人们为了进行通信必须知道各自计算机的地址，但是那些 IP 地址很难记住。为了使用各种资源，必须使计算机能够识别 IP 地址或计算机的物理地址。为此，在 Internet 中使用了一整套规定来表示 Internet 上的计算机地址，这就是域名系统。例如，当浏览“CCTV”中文网页时，只要输入其网址就可以进入它的主页。

7．完整的域名

完整的 DNS 由不超过 255 个字符组成。在 DNS 域名中，每一层的名字不得超过 63 个字符，而且在其所在的层必须唯一。

域名：主机名.本地名.组名.网点名。例如，某大学信息学院的域名是“××××k-ser.xinxi.××u.edu.cn”，第一级域名是 cn，即中国；第二级域名是 edu，即中国的教育机构；作为 edu 的一个子域是××u，即该大学，而其后的下一级子域为“xinxi”，表示该学校下面的信息学院；最左边的主机名为“××××k-ser”，是服务器的计算机名。

探究与实践

练习 1：什么是 Internet？Internet 的主要应用和服务有哪些？

练习 2：如何启动 Internet Explorer 11.0 浏览器运行窗口？

练习 3：在浏览器中如何将当前页面加入收藏夹？

练习 4：如何在当前页面搜索指定的文字？

实战任务

任务　在 IE 浏览器中定义主页、调出之前访问过的网页、删除历史记录、进行安全设置等

任务描述：

将浏览器的主页定义为百度，调出星期二访问过的网页，将今天访问的网页记录全部删除，设置安全级别。

任务要点：

（1）打开“Internet 选项”对话框；

（2）了解对话框里各选项卡的内容；

（3）按要求设置参数。

任务实施：

1）设置主页

打开 IE 11 浏览器，单击工具栏右侧的“工具”按钮（或者按下“Alt+X”组合键，在弹出的主菜单中选择“工具”菜单），选择下拉菜单中的“Internet 选项”命令，弹出“Internet 选项”对话框，如图 7-11 所示。在“主页”栏的文本框中输入要设置的主页地址，如果输入多个地址，那么可以一次打开多个主页。单击“确定”按钮即可。

2）调出之前访问过的网页

打开 IE 11 浏览器，单击工具栏右侧的“查看收藏夹、源和历史记录”按钮（或者按下“Alt+C”组合键，在弹出的菜单中选择“历史记录”（Ctrl+H）菜单），如图 7-12 所示，在“历史记录”栏中选择要恢复的网页地址，调出访问过的网页。

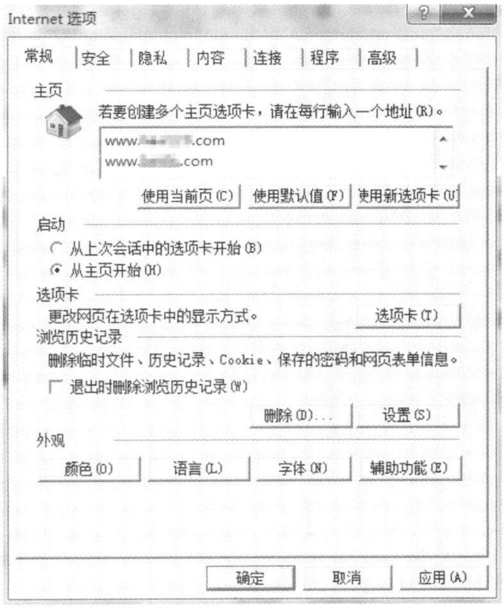

图 7-11　设置多个主页

图 7-12　调出之前访问过的网页

3）删除浏览历史记录

① 要删除上网期间产生的临时文件、历史记录等，可单击图 7-11 中的“删除”按钮。

② 如果要保证每次浏览网页后不留下记录，可以选择“退出时删除浏览历史记录”选项。

4）安全设置

在“Internet 选项”对话框中，单击“安全”选项卡，可对不同的访问区域分别进行安全设置。例如，选取“受信任的站点”图标，可以通过调整“该区域的允许级别”滑块，设置安全级别，如图 7-13 所示。通常认为，设置的级别越高，在浏览网页时受到攻击的可能性越小，计算机保护得就越好，但是，如果安全级别设得过高，可能会造成一些网站无法访问。

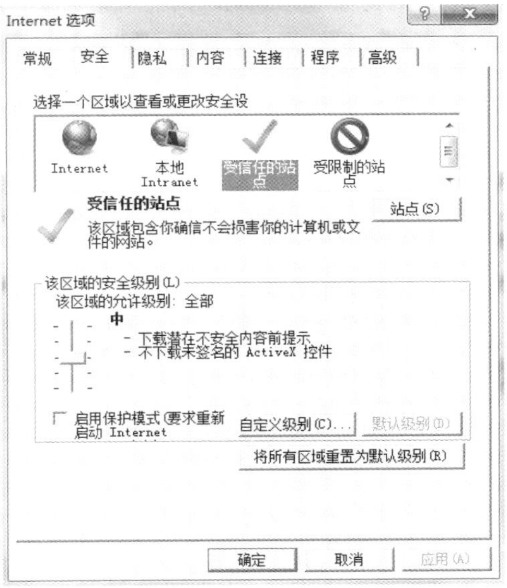

图 7-13　“Internet 选项”对话框中的安全设置

技能与知识点解析

1．什么是 ISP

ISP 是指 Internet 网络服务商（Internet Service Provider，ISP）。

2．什么是 BBS

电子公告牌服务（Bulletin Board Service，BBS）是 Internet 上的一种电子信息服务系统，也是一种实时、双向的布告栏系统。BBS 是一种用电子手段制作出来的特定系统，通过它提供的一块公共电子白板，每个用户都可以在上面书写，自由发布信息，或提出看法。人们可以在此与他人分享或交流自己的经验和知识，并通过网络将上面的内容昭示天下。例如，通常人们使用 BBS 进行对某些专题展开讨论、购买物品、求职、聊天等活动。

探究与实践

练习 1：在浏览器中如何定义首页？
练习 2：在浏览器中如何使用历史清单？
练习 3：在浏览器中如何保存当前页面？

7.2　搜索引擎

知识要点

网上的信息浩如烟海，获取有用的信息则像大海捞针，因此，用户需要一种先进的搜索服务，它能够随时将网上繁杂无序的内容，整理为可以随心使用的信息，这种服务就是搜索引擎。简言之，搜索引擎就是搜索信息网址的服务环境和服务工具。常用的搜索引擎有：百度、Google（谷歌）、Bing（必应）、YAHOO（雅虎）、搜狗、爱问、SOSO（搜搜）、有道、360 搜索、天网等。

实战任务

任务　利用常用的搜索引擎搜索相关信息

任务描述：

小李想购买一部新手机，一直没有选好品牌，请你上网查询关于手机的品牌排行榜、性价比等文字和图片资料。

任务要点：

（1）选择搜索引擎；

（2）确定搜索的关键词。

任务实施：

① 选择一款搜索引擎，例如，选择百度，进入百度网站。打开 IE 浏览器，在地址栏中输

入百度网址，即可进入图 7-14 所示的网站首页。

图 7-14　“百度”搜索引擎首页窗口

② 进行基本搜索。在搜索栏中输入关键字，如“手机排行榜”，如图 7-15 所示。

图 7-15　在搜索栏中输入相关信息

③ 单击“百度一下”按钮，或者直接按“回车”键，即可得到相关的资料，如图 7-16 所示。

④ 若搜索手机的图片，可在搜索栏中输入“手机”，在搜索栏下面的选项卡中选择“图片”

一项，如图 7-17 所示。

图 7-16　搜索结果页面

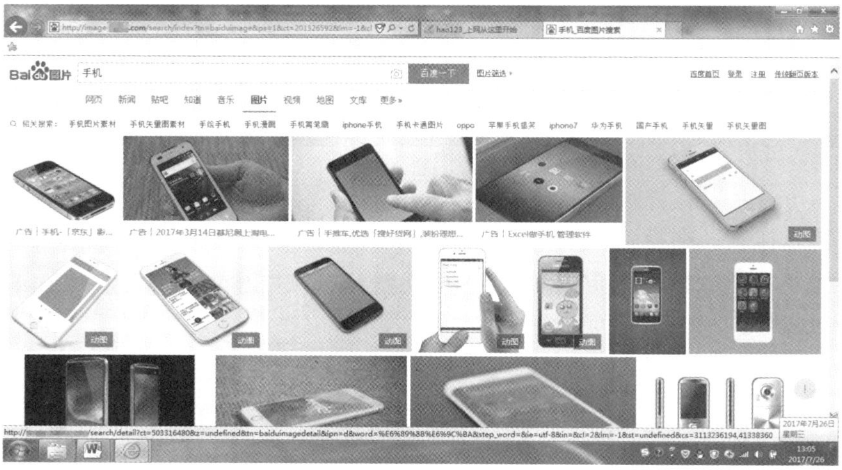

图 7-17　搜索图片页面

⑤ 百度除了可以搜索文字、图片以外，还可以搜索音乐、视频、地图、文库等。

技能与知识点解析

搜索引擎（Search Engine）是指根据一定的策略、运用特定的计算机程序从互联网上搜集信息，在对信息进行组织和处理后，为用户提供检索服务，将用户检索相关的信息展示给用户的系统。搜索引擎包括全文索引、目录索引、元搜索引擎、垂直搜索引擎、集合式搜索引擎、门户搜索引擎与免费链接列表等。

探究与实践

练习 1：什么是搜索引擎？常见的中文搜索引擎有哪些？

练习 2：请利用搜索引擎搜集关于“计算机硬件”方面的知识。

7.3　电子邮件的使用

知识要点

目前，人们已经很少用笔和信纸写信，而是用计算机写信，并通过电子邮局发送写好的信件。这种信件整齐、漂亮，而且修改起来十分方便，发送速度非常快。这就是“电子邮件”。电子邮件是因特网最重要的应用之一，通过电子邮件，可以方便地与因特网上的其他人进行包括文字、图像、声音视频等各类信息的交流。

实战任务

任务 1　申请电子邮箱

任务描述：

小王由于公司业务的需要，经常要与客户进行邮件往来，请你帮他申请一个电子邮箱。

任务要点：

（1）确定提供免费邮箱服务的网站；

（2）找到免费邮箱注册页面；

（3）根据要求填写信息，成功注册。

任务实施：

① 在 IE 浏览器地址栏中输入网易主页地址，打开主页后在右上方单击注册免费邮箱，如图 7-18 所示。

图 7-18　网易邮箱注册页面

② 任选一种注册方式：选择注册字母邮箱，邮件地址以字母、数字命名；选择注册手机号码邮箱，邮箱以手机号作为邮件地址。带有“*”的项目必须填写。如果注册页面提示用户名已经被别人注册过，则必须重新指定一个新用户名。

③ 注册成功后，打开邮箱，如图 7-19 所示。

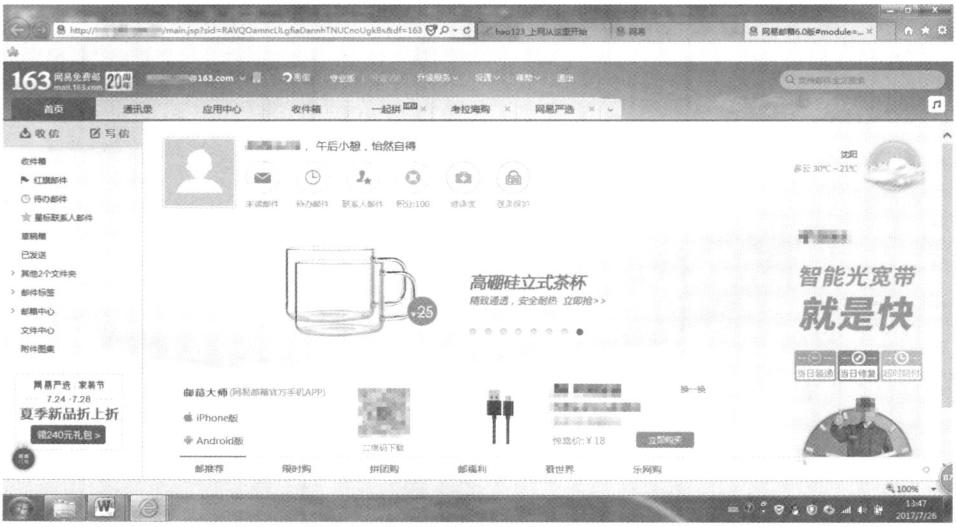

图 7-19　网易邮箱主页面

技能与知识点解析

1. 电子邮件

E-mail 是 Internet 提供的一项最基本服务，它基于客户端/服务器模式，是使用最广泛的 Internet 服务之一。电子邮件的最大特点是快速、方便，通常发送一封邮件只需几分钟就能被对方接收到，并且费用低廉，特别适合远距离用户之间的相互联系。Internet 的电子邮件系统模仿普通的邮政业务，通过在一些特定的网点（如 ISP 的主机）设定“邮局”，提供“邮局”的主机又叫邮件服务器，用户就可以在该“邮局”租用一个“电子邮箱”（Mail Box），当用户向 ISP 申请“电子信箱”时，ISP 在邮件服务器上建立该用户的电子邮件账号，它包括用户名和用户密码。当需要进行邮件的收发处理时，用户可以在任何时间、地点与自己的“邮局”连接，输入自己信箱的用户名和密码打开电子信箱，进行邮件的收发或存档处理等。

2. 邮箱地址

电子邮件地址（E-mail Address）的格式是固定的，并且在全球范围内是唯一的。用户的邮件地址格式为：用户名@主机名，其中“@”符号读作“at”。主机名指的是拥有独立 IP 地址的计算机的名字，用户名是指在该计算机上为用户建立的电子邮件账号。例如，在“sohu.com”主机上，有一个名为“×××an”的用户，那么该用户的 E-mail 地址为×××an@sohu.com。

探究与实践

练习：申请一个新浪邮箱，给老师发一封邮件，汇报一下你近期的学习情况。

实战任务

任务 2　发送和接收电子邮件

任务描述:

用小王申请的网易邮箱，给客户的邮箱“×××1226@163.com”发一封邮件，主题是“销售报表”，内容是“销售报表已经整理完毕，请贵公司审核。若没有问题就开始实施销售计划。”同时发送附件“销售报表”。然后再登录自己的邮箱，查看客户回复的邮件。

任务要点:

（1）打开“写信”窗口；

（2）正确输入收件人地址；

（3）输入主题、正文，添加附件；

（4）发送邮件；

（5）打开“收件箱”，阅读来信。

任务实施:

1）撰写和发送邮件

① 打开网易邮箱主页，在图 7-20 所示的界面输入邮箱名和密码，单击“登录”按钮，界面同图 7-19 所示。单击“写信”按钮，然后填写“收件人”“主题”“信件内容”等信息，也可以单击“添加附件”按钮，添加要发送的文件、照片等，确认后单击“发送”按钮，如图 7-21 所示。如果要把一封邮件发给多人，需要在邮箱地址之间用半角状态下的“,”隔开。

图 7-20　网易邮箱登录页面

② 单击“发送”按钮，然后出现邮件发送成功提示“您的邮件已发送”。

2）接收邮件

① 登录邮箱后，在主页中可以看到有一封未读邮件，如图 7-22 所示。

图 7-21　写信页面

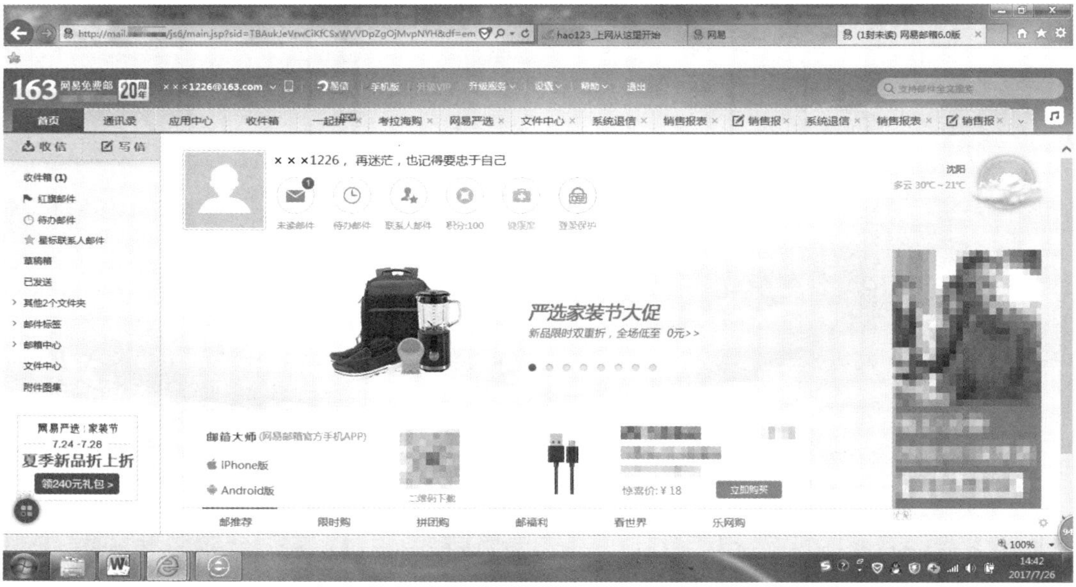

图 7-22　收到来信

② 单击“收信”标签或“收件箱”按钮，可以看到别人发送给你的信件，如图 7-23 所示。

③ 单击邮件列表中的发件人或主题部分，可以打开并查阅信件内容。如果有附件，可以单击“下载”链接下载或打开附件，如图 7-24 所示。如果一个邮件内有多个附件，可以选择单击“全部下载”，系统将把所有附件压缩成一个压缩文件并提供下载。

图 7-23　有一封未读信件

图 7-24　阅读邮件界面

探究与实践

练习：给多个同学群发邮件，邮件中要添加附件。

7.4 即时通信软件的应用

知识要点

即时通信（Instant Messaging，IM）是一个终端服务，允许两人或多人使用网路即时地传递文字信息、档案、语音与视频。即时通信是一个终端连往一个即时通信网路的服务。即时通讯不同于 E-mail 之处在于它的交谈是即时的。大部分的即时通信服务提供了 Presence Awareness 的特性——显示联络人名单、联络人是否在线上及能否与联络人交谈。即时通信软件是通过即时通信技术来实现在线聊天、交流的软件，目前中国最流行的有 QQ、微信、陌陌、YY 直播、阿里旺旺等。

实战任务

任务 1　下载和安装 QQ、申请登录 QQ 账号、添加联系人及群组、进行即时聊天

任务描述：

小吴要在自己的计算机上安装 QQ 聊天软件，与老师和同学们交流学习心得，请你帮助他。

任务要点：

（1）下载和安装 QQ 软件；

（2）申请账号并登录；

（3）添加联系人、群组；

（4）进行聊天；

（5）打开远程桌面；

（6）进行远程演示；

（7）发起多人聊天。

任务实施：

1）下载 QQ

打开 IE 浏览器，在百度搜索栏中输入“QQ 下载”，单击“百度一下”按钮，即显示如图 7-25 所示的页面。若是下载到计算机中，请选择 PC 版下载；若是下载到手机中，请选择手机版下载。在这里我们以下载到计算机中为例，打开 QQ PC 版官方网站，在如图 7-26 所示的在页面中单击“立即下载”按钮。

2）登录 QQ

双击 QQ 的快捷方式，启动 QQ，登录界面如图 7-27 所示。如果没有账号，单击注册账号，进入如图 7-28 所示的界面，填写信息进行注册；如果有账号就输入账号和密码直接登录，如图 7-29 所示。

图 7-25　百度搜索“QQ 下载”界面

图 7-26　QQ PC 版下载界面

3）添加联系人及群组

如图 7-30 所示，根据联系人 QQ 号、群号进行精确查找，或通过昵称、群名称等关键词查找，并添加好友。

图 7-27　QQ 登录界面

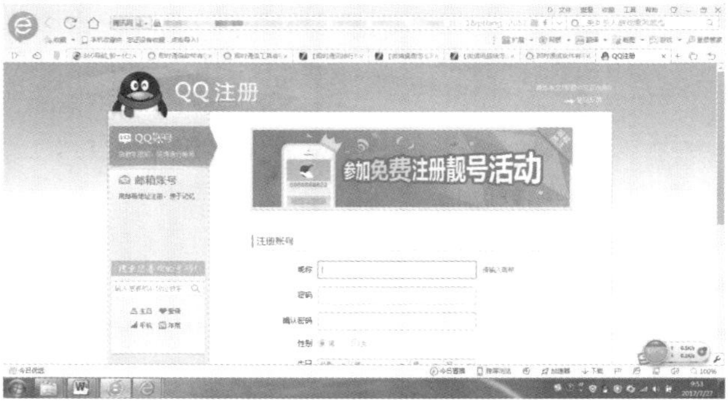

图 7-28　QQ 注册界面

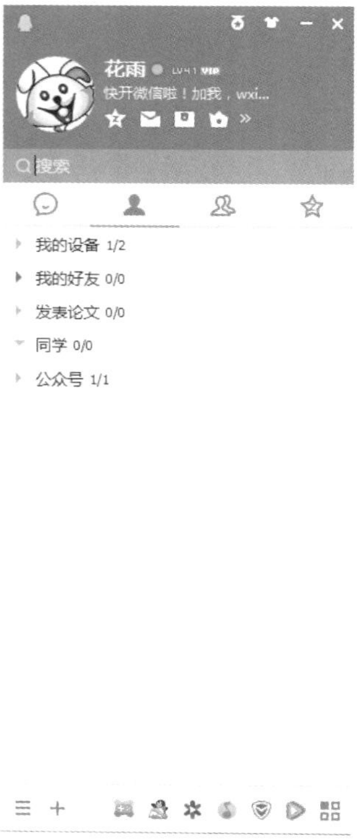

图 7-29　QQ 界面

图 7-30　QQ 查找联系人

4）即时聊天

选中好友，双击，弹出聊天窗口，在窗口中可以发送和接收信息，如图 7-31 所示。单击“传送文件→发送文件/文件夹”命令，可以方便地发送文件或文件夹。

5）远程桌面

QQ 提供的远程桌面功能，能让双方互相控制对方的计算机，在线解决计算机难题，即时、高效、快捷，如图 7-32 所示。

6）远程演示

QQ 也为在线学习、远程教学提供了一些功能。单击“远程演示”命令，有演示文档、分享屏幕、演示白板三种功能，如图 7-33 所示。

图 7-31　QQ 聊天界面

图 7-32　QQ 远程桌面

7）发起多人聊天

QQ 提供网络电话会议功能，可以进行多人实时交流。单击“发起多人聊天”命令，进入多人聊天状态，在此状态下还可以向其他好友发送邀请码或邀请链接，请其他人继续加入，如图 7-34

所示。

图 7-33　QQ 远程演示

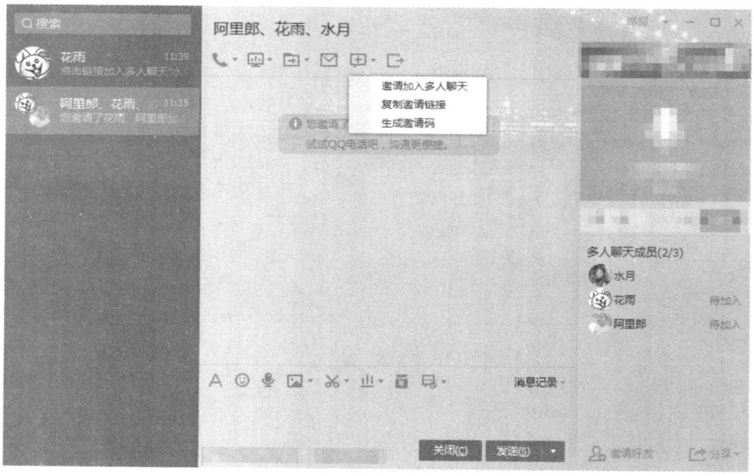

图 7-34　QQ 发起多人聊天

技能与知识点解析

1. QQ

QQ 的国内用户量第一，在 2004 年就已经拥有 2.26 亿注册用户、500 多万收费用户，而且每天还在以几十万的数量递增着。与其他中文通信软件相比，腾讯 QQ 以其漂亮的界面、合理的设计、良好的易用性、强大的功能（如隐藏功能、分组功能等）、稳定高效的系统运行，赢得了用户的青睐。其提供了大量卡通图案，并且引入了立体风格，形象更趋于卡通化。新版 QQ 同时增加了自定义动态表情，支持网友自定义显示系统表情的行数，灵活方便的快捷键设置，把热键设置为与表情相同的字或字母，炫彩汉字和字母的搭配可与之前的 MSN 媲美。所以，无论是从用户数量还是公众影响力来看，QQ 都是国内即时通信软件市场上无可争议的“老大”。

2．QQ 2017 更新日志

QQ PC 版 8.9.3：

① 全新视觉，简约界面乐享沟通；
② 支持收发 QQ 红包，玩转红包迎新年；
③ 消息列表支持自由调整，简约体验轻松聊天；
④ 面板新增游戏中心入口，无须安装即时畅玩。

QQ PC 版 8.8：

① 全新视觉，简约界面乐享沟通；
② 集成式聊天窗口，新消息一目了然；
③ QQ 面板新增游戏中心入口，无须安装即时畅玩；
④ 优化多终端消息的发送和接收，体验更顺畅。

QQ PC 版 8.7：

① 支持用多张图片 DIY 动态表情，不服来斗图；
② 聊天时可发起“演示白板”，随心涂画辅助沟通；
③ 新增群日历，可查看节日、群活动等精彩事件；
④ 群聊通话管理，有序发言，掌控全场；
⑤ 团队通讯录，快速查看群成员电话。

QQ PC 版 8.6：

① 聊天时可发起“演示白板”，随心涂画辅助沟通；
② 新增群日历，可查看节日、群活动等精彩事件；
③ 文件共享，便捷分享本地文件；
④ 群聊通话管理，有序发言，掌控全场；
⑤ 团队通讯录，快速查看群成员电话。

探究与实践

练习：下载 QQ 并注册账号，登录 QQ 后添加同班同学为好友，在线进行交流学习，如让同学帮你解决计算机问题，进行多人聊天，交流学习心得。

实战任务

任务 2　微信是一款手机通信软件，微信电脑版（PC 版）支持使用计算机键盘快速输入，收到新消息，弹出即时提示，像上 QQ 一样上微信。

任务描述：

下载微信 PC 版，在计算机上使用微信，发送语音短信、视频、图片和文字。

任务要点：

（1）下载微信 PC 版；

（2）在计算机上登录并使用微信；

（3）与朋友进行聊天，将聊天记录备份。

任务实施：

1）下载微信 PC 版

在 IE 浏览器中利用搜索引擎找到微信官网，进入微信 PC 版下载界面，如图 7-35 所示，单击下载并安装。

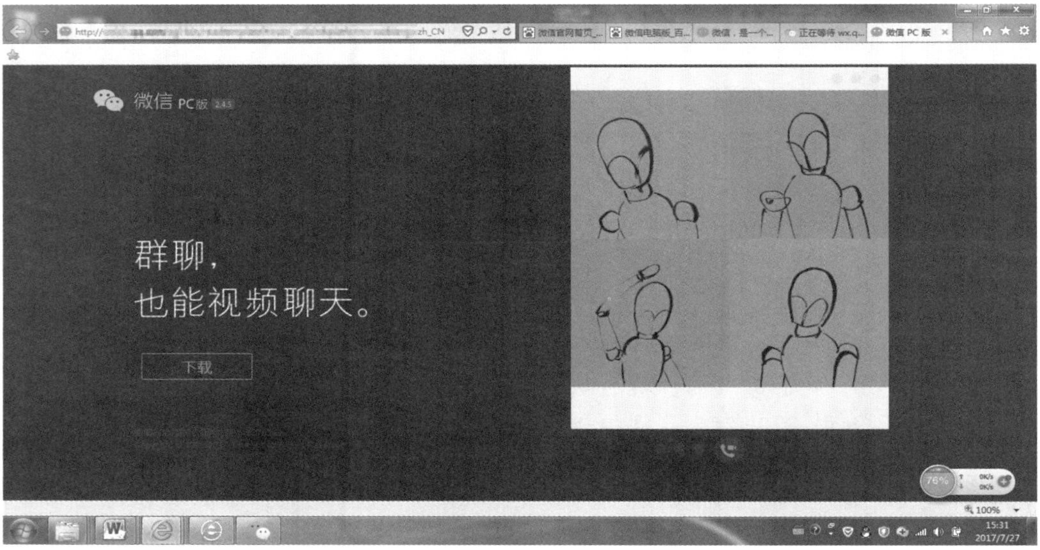

图 7-35　微信 PC 版下载界面

2）在计算机上登录使用微信

双击桌面上的微信图标，运行微信。如果是第一次登录，会出现二维码，如图 7-36 所示。打开手机微信的“扫一扫”，扫码登录；扫描后，在手机上单击确认以登录；在手机上打开微信，出现登录确认界面，单击登录，可以开始使用；如果不是第一次登录，运行微信后，直接单击“登录”按钮，然后在手机上确认，就可以登录使用，如图 7-37 所示。

3）聊天

在聊天列表中选择需要聊天的朋友，然后在输入框中输入内容，即可开始聊天。在聊天中，可以截图或者选择计算机上的文件，发给朋友或自己。

4）备份聊天记录

① 将安卓手机通过数据线与计算机连接。

② 在微信电脑版的设置面板中，单击“备份与恢复”，如图 7-38 所示。按照界面提示，可以将手机上的聊天记录备份到计算机上。备份以后会出现“恢复”按钮，单击后可将已备份到计算机的聊天记录恢复到手机上，如图 7-39 所示。

③ 目前仅支持安卓手机，并且需要安装微信 6.0 以上版本。

④ 计算机上备份的聊天记录仅保存最后一次所备份的，即每次备份聊天记录后，将只保存当次备份的记录，之前的备份会被覆盖。

⑤ 将已备份的聊天记录恢复到手机，会把聊天记录与手机上的聊天记录做合并，不会删除手机上已有的聊天记录。

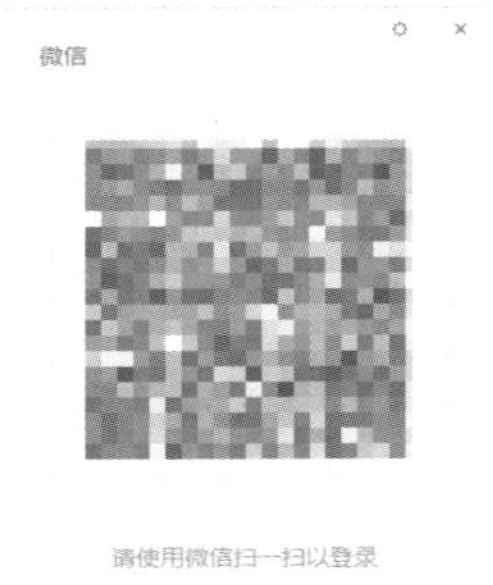

图 7-36　微信 PC 版首次登录二维码界面

图 7-37　微信 PC 版登录界面

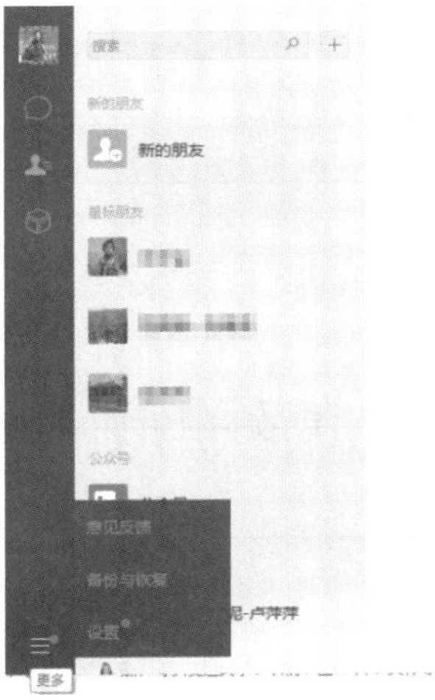

图 7-38　微信的“备份与恢复”选项

图 7-39　微信的“备份与恢复”界面

技能与知识点解析

1．微信电脑版

微信的电脑版本，其功能与手机版一样。Windows 版微信可以通过数据线将手机与计算机连接，同步备份聊天记录。在聊天中，可以截图或者选择计算机上的文件，发给朋友或自己。

2．微信电脑版的特点

① 打字快捷：在计算机上登录微信，跟微信好友聊天时，用键盘打字简单快捷。

② 一键登录：扫码登录，无须输入账号、密码。

首次登录，使用手机打开微信→发现→扫一扫，扫描计算机上的二维码，在手机上单击绿色按钮“确认登录”；后续再次登录时，仅需打开计算机上的客户端，单击“登录”按钮，手机端会提示一键确认。

③ 截图：可以在计算机上截图后发给朋友，也可以截图后发给自己，在手机上就可以看到截图了。

④ 传文件：可以在一个独立于浏览器的窗口聊天、截图、传文件；直接拖曳或单击浏览都可以向微信朋友、微信群发送文件。

⑤ 备份聊天记录：Windows 版微信可以通过数据线将手机与计算机连接，同步备份聊天记录。目前微信 6.0 for Android 以上版本的用户可率先体验此便捷方式。

探究与实践

练习：请在计算机中下载并安装微信，利用微信 PC 版进行聊天记录的备份。

7.5 网上购物流程

知识要点

网上购物流程就是通过互联网媒介用数字化信息完成购物交易的过程。

实战任务

任务 了解网上购物流程，在网上购买自己心仪的商品

任务描述：

小陈想要买一双鞋，但是最近工作很忙，没有时间逛街，他听说可以在网上购物，想在网上买一双鞋，你能帮帮他吗？

任务要点：

（1）选择购物平台；

（2）挑选商品；

（3）注册账号；

（4）填写准确详细的地址和联系方式；

（5）选择支付方式；

（6）收货、验货。

任务实施：

1）选择购物平台

网购逐渐被越来越多的人认可，目前网购流程主要分两大类：一类是网址导航类，主要涵盖生活和购物方面的网址，人们可以通过这些网址导航到相应的网站去购物和消费；另一类是专业的返利网站导航，如返利、惠集网等，主要涵盖各种购物网站，包括淘宝和 B2C 等众多的网购站点，人们可以去这些网站购物，然后获得返利网站的返利，使得网购在一定形式上优惠了不少。

2）挑选商品

进入购物平台后就可以根据需要选择自己心仪的商品了。一般购物平台首页都有搜索功能，可以利用搜索功能快速找到相关商品，在同类型商品中进行挑选，这样可以节省不少时间。在网上购物和在商场里购物一样，要经过比较和挑选，消费者在网上购物时也不要急于购买，要货比三家，看看性价比。在网上购物虽然不像在实体店那样可以看到实际的商品，但是在网上购物也有规律可循，如看评价，消费者的评价还是比较客观的；看店铺的资质、店铺经营的时间；看价格，俗话说得好“一分价钱一分货”，这话还是有道理的。

3）注册账号

在购买之前要注册平台的账号，登录之后才能购买。以淘宝为例，首先注册一个淘宝账号，如图 7-40 所示。注册之后要进行登录，登录界面如图 7-41 所示。然后下载一个在线聊天工具——阿里旺旺（现在淘宝网也提供网页版阿里旺旺），利用阿里旺旺可以与客服进行沟通，更详细地了解商品的有关细节。

图 7-40　注册淘宝账号

图 7-41　登录淘宝账号界面

4）填写准确详细的地址和联系方式

将选好的商品放入购物车中，单击购物车进行购买。填写详细地址，如图 7-42 所示。提交订单，如图 7-43 所示。

图 7-42　填写详细地址

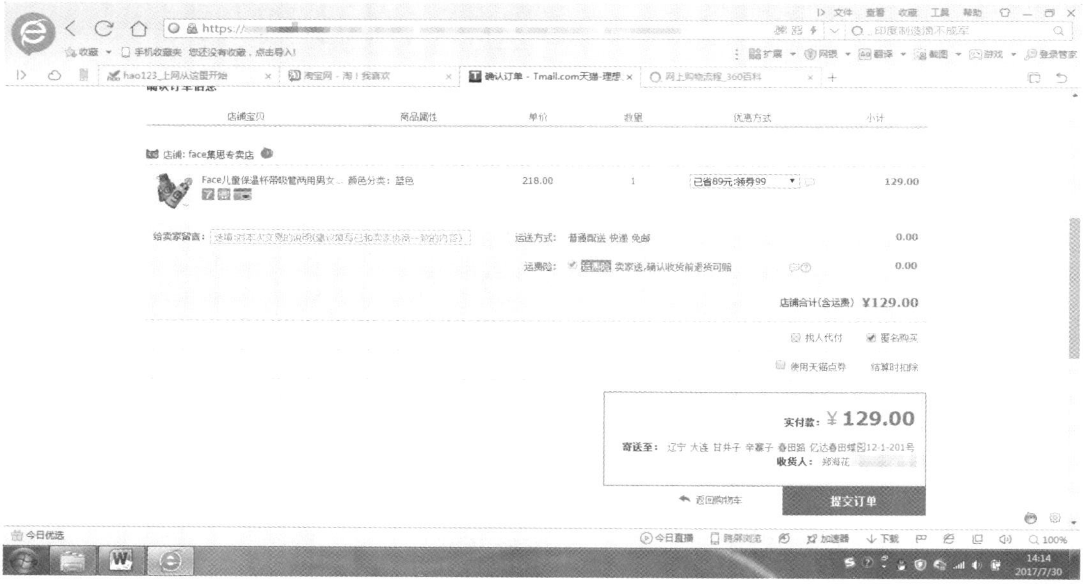

图 7-43　提交订单

5）选择支付方式

支付直接涉及资金，所以比较烦琐。应该选择比较通用的方式进行，选择较多的是网银和第三方支付。网银是立即到账的，不宜处理善后事宜，第三方支付较好，在一定时期内款项在未完成交易（收货确认）前存放在第三方平台，谁也拿不到，比较好处理交易纠纷。第三方支付如支付宝，基本是网络购物全覆盖，通用性强，如图 7-44 所示。

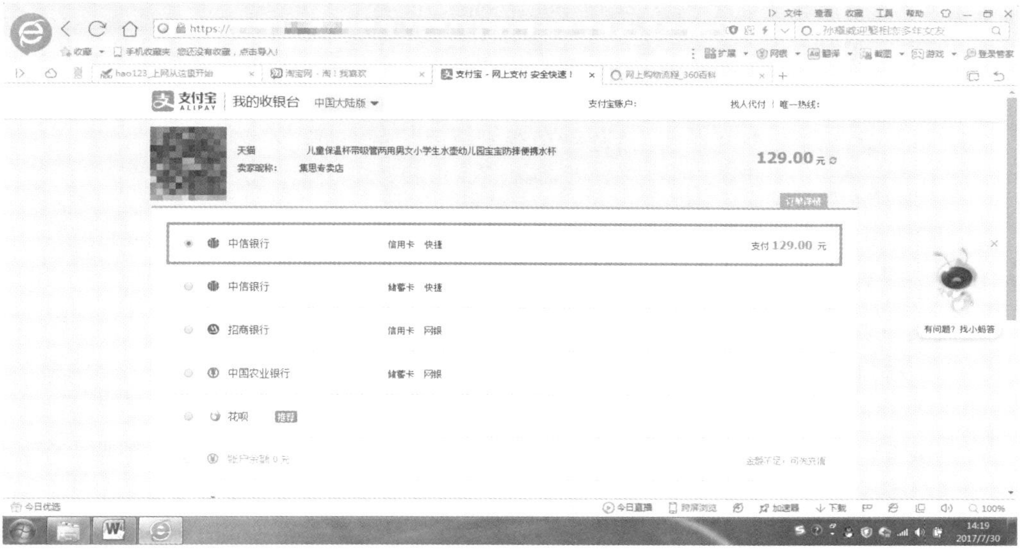

图 7-44　支付宝付款界面

6）收货验货

过几天收到货后要当场验货，发现问题及时与商家联系，在协商好后可以在网上申请退货，将商品发回给商家，商家收到商品后会给你退款。注意退货一定要在确认收货之前，因为在确认收货之前，你的钱款是在第三方支付平台里，没有打到商家账户里，这时退货，要是商家不同意，只要你已经把商品寄还给商家了，就可以由第三方支付平台把钱款退还给你。如果你已经确认收货了，那么就得去运营平台上投诉维权了。

技能与知识点解析

网上购物注意事项

① 网络购物具有存在隐蔽性、购物体验感差等特点。所以在选择购物平台时一定要选择那些依照国家工商局《网络交易及有关服务行为暂行办法》实行实名制的网站，维护自己应有的权益。

② 仔细阅读退换货条款，隐设门槛的不予选择。

③ 注册账号，对个人信息能少填的尽量少填，邮箱避免用工作邮箱，因为商家的广告会接踵而至。

④ 在购物前需与商家咨询，协商数量、规格、颜色、发货时间、质量问题的处理方式等。

⑤ 拍下物品养成不直接支付的习惯，关闭支付页面，在自己账号后台单击打开所购商品并支付。这样的好处是有效防止钓鱼网站借壳钓鱼。

⑥ 选择支付，尽量运用第三方支付平台，慎用网银直接支付，这样做可以多给自己留一条退路。

⑦ 在没有完全接受货品前，不要单击收货确认并付款给对方。

⑧ 不要轻易被广告蛊惑，价格离奇的低不一定是好事。

⑨ 不要轻易单击链接或广告来采购物品。

⑩ 购物还是官方网店或有官方性质的网店靠得住。

⑪ 注意认准购物网站商标。

探究与实践

练习：小刘最近想买个内存条，请你帮他注册一个京东账号，在京东商城购买一个 DDR2 800 2G 内存条。

7.6 云存储和移动学习

7.6.1 云存储

知识要点

云存储是在云计算（Cloud Computing）概念上延伸和发展出来的一个新的概念，是一种新兴的网络存储技术，是指通过集群应用、网络技术或分布式文件系统等功能，将网络中大量各种不同类型的存储设备通过应用软件集合起来协同工作，共同对外提供数据存储和业务访问功能的系统。

实战任务

任务　了解云存储的应用和常见的云存储

任务描述：

小刚最近发现自己计算机里存储的文件、图片和视频信息太多了，计算机的容量有限，已经无法再存储更多的信息，你能帮他想办法存储更多的信息还不占用计算机磁盘空间吗？

任务要点：

（1）选择云存储平台；

（2）将文件等存储到云盘；

（3）从云盘下载文件等资料；

（4）利用云盘将信息进行分享。

任务实施：

1）选择云存储平台

国内比较突出的代表有搜狐企业网盘、百度云盘、乐视云盘、移动彩云、金山快盘、坚果云、酷盘、115 网盘、华为网盘、360 云盘、新浪微盘、腾讯微云、cStor 云存储等。

2）将文件等存储到云盘

这里以腾讯微云为例，打开 QQ，单击应用管理器，在打开的窗口中选择微云，如图 7-45 所示。单击“上传”按钮，在计算机中选择文件或文件夹，单击“开始上传”按钮即可。

3）从云盘下载文件等资料

将文件等资料上传到云盘后，可以在任何一台计算机上下载这些资料，只要登录 QQ 就行了。打开微云，选择要下载的文件或文件夹，单击“下载”按钮，如图 7-45 所示。弹出“另存为”对话框，如图 7-46 所示，将文件保存到指定的位置。

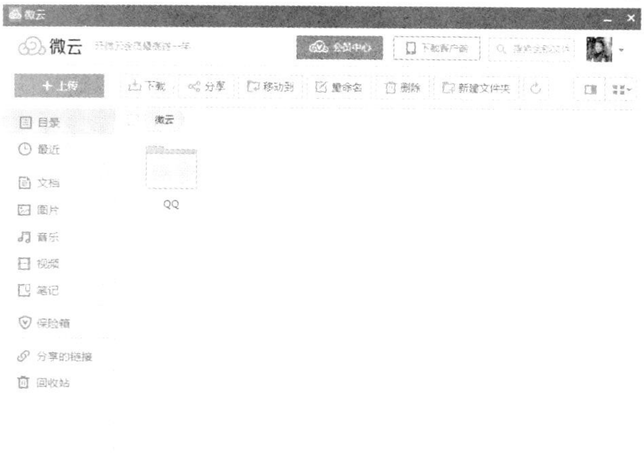

图 7-45　QQ 微云界面

图 7-46　QQ 微云下载界面

4）利用云盘将信息进行分享

在 QQ 微云中单击“分享”按钮，会出现如图 7-47 所示的界面，复制链接地址，将信息发送给好友，可以共享信息。

图 7-47　QQ 微云分享界面

技能与知识点解析

1. 云存储的网络结构

当我们使用某一个独立的存储设备时，我们必须非常清楚这个存储设备是什么型号、什么接口和什么传输协议，必需清楚地知道存储系统中有多少块磁盘，分别是什么型号、多大容量，必须清楚存储设备和服务器之间采用什么样的连接线缆。为了保证数据安全和业务的连续性，我们还需要建立相应的数据备份系统和容灾系统。除此之外，对存储设备进行定期地状态监控、维护、软硬件更新和升级也是必需的。如果采用云存储，那么上面所提到的一切对使用者来讲都不需要了。云状存储系统中的所有设备对使用者来讲都是完全透明的，任何地方的任何一个经过授权的使用者都可以通过一根接入线缆与云存储连接，对云存储进行数据访问。

2. 云存储系统的结构模型

云存储系统的结构模型有 4 层。

1）存储层

存储层是云存储最基础的部分。存储设备可以是 FC 光纤通道存储设备，可以是 NAS 和 iSCSI 等 IP 存储设备，也可以是 SCSI 或 SAS 等 DAS 存储设备。云存储中的存储设备往往数量庞大且分布于不同地域，彼此之间通过广域网、互联网或者 FC 光纤通道网络连接在一起。

存储设备之上是一个统一存储设备管理系统，可以实现存储设备的逻辑虚拟化管理、多链路冗余管理，以及硬件设备的状态监控和故障维护。

2）基础管理层

基础管理层是云存储最核心的部分，也是云存储中最难以实现的部分。基础管理层通过集群、分布式文件系统和网格计算等技术，实现云存储中多个存储设备之间的协同工作，使多个存储设备可以对外提供同一种服务，并提供更大、更强、更好的数据访问性能。

CDN 内容分发系统、数据加密技术保证云存储中的数据不会被未授权的用户所访问，同时，通过各种数据备份和容灾技术等措施可以保证云存储中的数据不会丢失，保证云存储自身的安全和稳定。

3）应用接口层

应用接口层是云存储最灵活多变的部分。不同的云存储运营单位可以根据实际业务类型，开发不同的应用服务接口，提供不同的应用服务。比如视频监控应用平台、IPTV 和视频点播应用平台、网络硬盘应用平台、远程数据备份应用平台等。

4）访问层

任何一个授权用户都可以通过标准的公共应用接口来登录云存储系统，享受云存储服务。云存储运营单位不同，云存储提供的访问类型和访问手段也不同。

探究与实践

练习：请你申请一个百度网盘，上传和下载文件资料。

7.6.2 移动学习

知识要点

移动学习（Mobile Learning）是一种在移动设备帮助下的能够在任何时间、任何地点发生的学习，移动学习所使用的移动计算设备必须能够有效地呈现学习内容并且提供教师与学习者之间的双向交流。

实战任务

任务　进行移动学习客户端下载，体验移动学习

任务描述：

移动学习在数字化学习的基础上通过有效结合移动技术带给学习者随时随地学习的全新感受。移动学习被认为是一种未来的学习模式，或者说是未来学习不可缺少的一种学习模式。请同学们也下载一种移动学习平台，进行多元化的学习。

任务要点：

（1）选择一种移动学习平台；

（2）下载移动学习客户端；

（3）进行移动学习初体验。

任务实施：

1）选择一种移动学习平台

利用百度等搜索引擎搜索“移动学习平台”，在网上能搜索到很多，选择一款适合自己、与学习内容相符的移动学习平台。

2）下载移动学习客户端

此处以清华大学开发的雨课堂为例来进行讲解。进入微信，搜索公众号“雨课堂”，单击关注。

3）进行移动学习初体验

进入雨课堂之后，有许多好课推荐，如图 7-48 所示。学习者可以免费听到许多课程；教师也可以在这里发布自己的课，如图 7-49 所示，让学生在课下自学。教师还可以在这里布置习题，查看学生的学习情况，而学生也可以在这里向教师提问，提出疑难点，请教师解答。

图 7-48　雨课堂界面

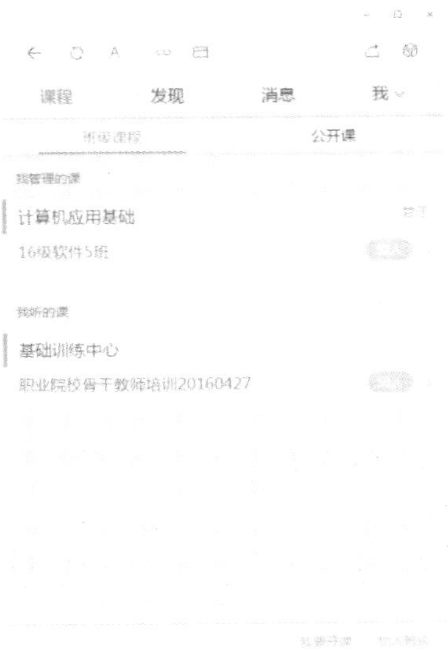

图 7-49　雨课堂教师发布课程界面

技能与知识点解析

1. 移动学习的特点

首先，移动学习是在数字化学习的基础上发展起来的，是数字化学习的扩展，它有别于一般学习。Sun 公司的 e-learning 专家 Michael Wenger 针对移动学习提出了他独到的见解，他认为移动学习并不是什么新鲜事物，因为在传统学习中印刷课本同样能够很好地支持学习者随时随地进行学习，可以说课本在很早以前就已经成为支持移动学习的工具，而移动学习也一直就在我们的身边。

其次，移动学习除具备了数字化学习的所有特征之外，还有它独一无二的特性，即学习者不再被限制在计算机前，可以自由自在、随时随地进行不同目的、不同方式的学习。学习环境是移动的，教师、研究人员、技术人员和学生都是移动的。

最后，从它的实现方式来看，移动学习实现的技术基础是移动计算技术和互联网技术，即移动互连技术；实现的工具是小型化的移动计算设备，或者如 Quinn 所说的 IA 设备。Sariola 等人在对移动学习的概念进行讨论的过程中，对移动学习实现的设备从特征上做了这样的分析：可携带性（Portability），即设备形状小、重量轻，便于随身携带；无线性（Wireless），即设备无须连线；移动性（Mobility），指使用者在移动中也可以很好地使用。

2. 发展阶段

我国在未来的二十年中，移动学习的发展将经历三个阶段：基础环境建设阶段，知识体系化建设阶段和学习服务建设阶段，每个阶段间的过渡是迭代循环的过程。

第一个阶段是基础环境建设阶段，将随着无线网络和资源的发展逐步形成适应移动学习的基础环境，逐步形成国家、地区和组织三个层次应用的网络环境和主题资源的学习环境，这个阶段将持续 4～8 年，主要推动力来自于移动服务商和厂商。

第二个阶段是知识体系化建设阶段，将在已有完善的移动环境基础上进行大规模的知识体系的构建，完成学习内容内化关联和已有资源的共享兼容，针对不同的学习主题和需求进行分类和定制化应用构建，这个阶段将持续 5～10 年，主要推动力来自于教育机构和企业。

第三个阶段是学习服务建设阶段，这个阶段将是我国全面教育社会化发展进程的新起点，环境的交互成为隐性的移动学习过程，国家级的移动学习服务中心成为社会基础设施，移动学习成为社会化的教育形式，相关资源进行系统化的兼并和整合，这个阶段将持续 5～10 年，主要推动力来自于政府。

探究与实践

练习 1：请你下载一个移动学习平台，学习一门自己感兴趣的课程，同学之间可以交流心得体会。

练习 2：通过移动学习，获得一门学科的认证证书。

7.7　技能与知识巩固

7.7.1　技能演练

利用 5 台计算机、网线、集线器等搭建一个小型局域网，正确进行网络配置，实现网络资源共享。

7.7.2　知识强化

一、填空题

1．______________协议是因特网最基本的协议。

2．在 Windows 7 操作系统中，可以设置_____与______两种 IP 地址。

3．在因特网中，__________服务器能够把域名地址翻译为 IP 地址。

4．把在其它计算机上已经设置为共享，并且能够在本地计算机上访问的文件夹，设置为本地计算机的一个驱动器符号，这种设置我们称为______________。

5．一台计算机的硬件配置中必须有________________，才有可能连接到无线局域网。

二、选择题

1．网络中一台计算机 TCP/IP 设置中，子网掩码为“255.255.255.0”，该网络属于____类网络。

A．B 类　　B．C 类　　C．D 类　　D．A 类

2．在 IPv4 地址是_____位二进制数。

A．64　　B．32　　C．48　　D．8

3．通常把_______看成是一个网络通向其他网络的 IP 地址。

A．网关　　B．IP　　C．域名　　D．子网掩码

4．以“.edu”为后缀的域名通常是________的域名。

A．公司　　B．组织　　C．教育机构　　D．医疗机构

5．HTML 是指_________。

A．超文本标记语言　　B．超文本文件

C．超媒体文件　　D．超文本传输协议

三、简答题

1．什么是工作组？工作组有哪些特点？

2．在 Windows 7 操作系统中，定义了哪几类网络位置？在哪两类网络位置设置中，“网络发现”默认为启用状态？

第 8 章

系统设置和高级应用

Windows 7 更加人性化、个性化，系统提供了更为强大、安全的功能。可以通过系统设计和高级应用，实现系统个性化、自定义任务栏、配置文件和打印机、设置安全权限、使用命令行操作等功能，以打造适合各种工作环境需求的 Windows 系统。

学习要点

- 屏幕分辨率
- 桌面主题
- 小工具

8.1 设置个性化桌面

知识要点

Windows 7 系统可以通过更改计算机的主题、颜色、声音、桌面背景、屏幕保护程序、字体大小和用户账户图片来向计算机添加个性化设置，还可以为桌面选择特定的小工具。微软主要提供了两个关键的桌面个性化功能：主题风格和壁纸自动换。

实战任务

任务 1　设置屏幕分辨率

任务描述：

根据需要设置出最合适的分辨率，设置出最小分辨率。

任务要点：

（1）了解如何设置屏幕分辨率；

（2）设置最适合的分辨率。

任务实施:

① 单击“开始→控制面板→调整屏幕分辨率”，打开“屏幕分辨率”面板，如图 8-1 所示。

图 8-1　“屏幕分辨率”面板

提示：“屏幕分辨率”面板还可以在屏幕上快速调出，单击右键选择“屏幕分辨率”即可，如图 8-2 所示。

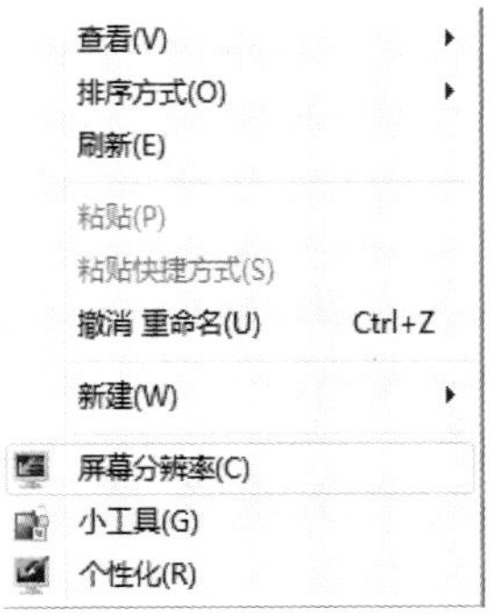

图 8-2　快速调出“屏幕分辨率”面板

② 打开“分辨率”旁边的下拉列表，将滑块移动到最小分辨率处，然后单击“应用”按钮，如图 8-3 所示。

图 8-3　选择需要更改的分辨率值

③ 单击“保留更改”使用新的分辨率，如图 8-4 所示，这样分辨率的设置就成功了。

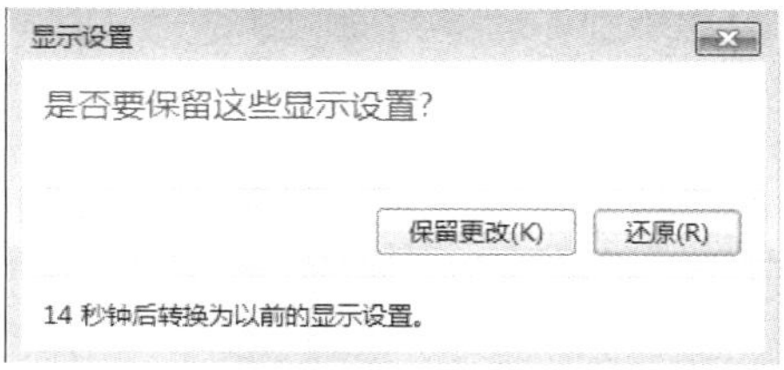

图 8-4　保留更改设置成功

任务 2　设置桌面主题

任务描述：

微软主要提供了两个关键的桌面个性化功能：主题风格和壁纸自动换。将桌面设置成 Aero，选择“中国”主题，设置自己喜欢的背景图片。

任务要点：

（1）熟练掌握个性化桌面主题的设置；

（2）掌握桌面背景的设置。

任务实施：

① 单击“开始→控制面板→个性化”，打开“个性化”面板后选择桌面背景，如图 8-5 所示。也可以在搜索框中输入“个性化”，然后单击“个性化”；还可以在桌面上单击右键，在快捷菜单中选择“个性化”。在“个性化”面板中选择 Aero 下的“中国”主题。

图 8-5　“个性化”设置面板

② 相对于以前版本的系统，在桌面背景的设置中 Windows 7 改进了原有的静态桌面，更为人性化，可以设置为动态桌面，操作人员可以根据个人喜好调整桌面图片的更换时间。单击“桌面背景”可以进行相关设置，如图 8-6 所示。

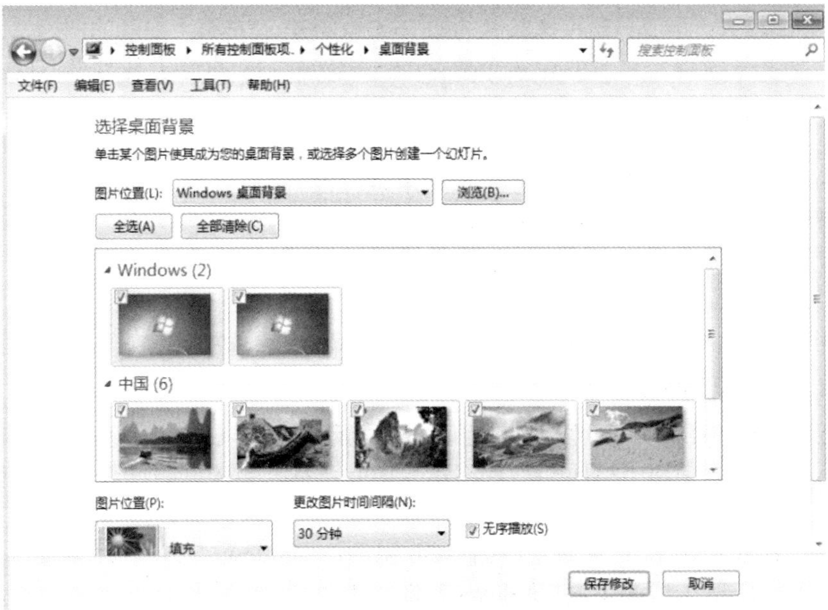

图 8-6　桌面背景设置

③ 如果要使用个性化的图片，可以单击“图片位置”列表查看其他类别，也可以单击“浏览”按钮在计算机中查找图片所在的文件夹，还可以选择各种主题图片，如图 8-7 所示。

图 8-7　个性化设置“桌面背景”面板

技能与知识点解析

1. 屏幕分辨率

屏幕分辨率是指屏幕显示的分辨率。屏幕分辨率比较低的如 800×600，这样的分辨率在屏幕上显示的图标都会比较大；屏幕分辨率比较高的如 1600×1200，在屏幕上显示的图标就比较小。

显示分辨率就是屏幕上显示的像素个数，分辨率 160×128 的意思是水平方向含有像素数为 160 个，垂直方向像素数 128 个。屏幕尺寸一样的情况下，分辨率越高，显示效果就越精细和细腻。

下面是一些常用屏幕大小的典型分辨率（单位：像素）。

19 英寸屏幕（标准比率）：1280×1024。

20 英寸屏幕（标准比率）：1600×1200。

22 英寸屏幕（宽屏幕）：1680×1050。

24 英寸屏幕（宽屏幕）：1900×1200。

2. Windows 7 桌面主题

Windows 7 中自带了很多主题，用户也可以自己设计创建心仪的个性化主题。用户还可以选择对 Windows 7 主题使用“桌面幻灯片演示”功能，系统会依据时间表不停更换指定的多张桌面背景。

Windows 7 中通常会有 13 个主题。如 Aero 主题：Windows 7、建筑、人物、风景、自然、风情、国家主题。在默认情况下，Windows 7 的个性化窗口中将只显示一个主题，其他的将会被默认隐藏。用户还可以自己根据需要联机下载喜欢的主题。

探究与实践

练习 1：尝试联机下载一个主题桌面。

练习 2：更改鼠标指针、桌面图标。

8.2　设置任务栏

知识要点

Windows 7 系统任务栏是位于屏幕最底部的水平长条。它由三个部分组成：最左侧是“开始”菜单；中间部分是显示已经打开的程序或者文件，通过单击文件或者程序进行切换；最右侧是通知区域，显示一些特定的程序及时钟，如图 8-8 所示。

图 8-8　任务栏

实战任务

任务 1　设置任务栏属性

任务描述：

熟练应用任务栏属性设置任务栏。

任务要点：

（1）掌握锁定任务栏、自动隐藏任务栏操作；

（2）熟练掌握调整任务栏大小操作。

任务实施：

① 右键单击“任务栏”，在快捷菜单中选择“属性”，打开任务栏属性设置窗口，如图 8-9 所示。

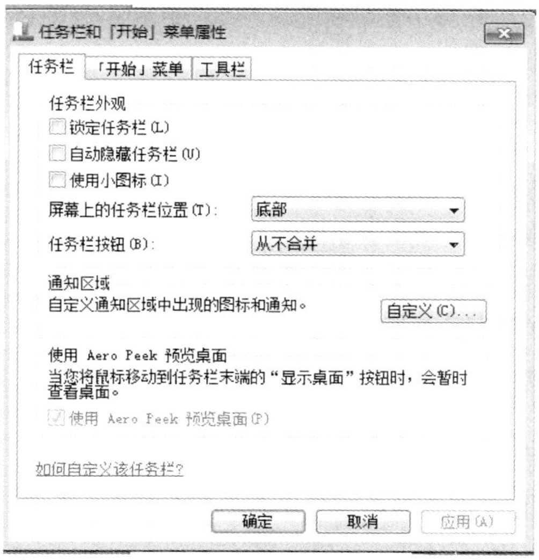

图 8-9　任务栏属性设置窗口

② 当鼠标轻轻移动到“任务栏”上时，鼠标会变成“↕”，此时按住鼠标左键向上移动就

会改变任务栏的宽度。如果将“锁定任务栏”复选框选中，任务栏就不能随意进行修改了。

③ 将“自动隐藏任务栏”复选框选中，则任务栏在不需要的时候就会自动隐藏，当鼠标移到任务栏位置时，任务栏又会自动显示。

④ “屏幕上的任务栏位置”选项默认是“底部”，也就是任务栏的位置在整个屏幕的下方，可以根据个人需要进行更改。

任务 2　将“桌面”添加至任务栏

任务描述:

熟练操作任务栏，将工具栏的内容添加至任务栏中。

任务要点:

熟练应用任务栏。

任务实施:

鼠标右键单击任务栏的空白区域，在快捷菜单中选择“工具栏”，在“工具栏”中单击“桌面”，如图 8-10 所示。

任务 3　将程序的快捷方式添加到任务栏上

任务描述:

将正在运行的“Internet Explorer”锁定到任务栏上。

任务要点:

学会锁定程序到任务栏上。

任务实施:

① 打开一个 Internet Explorer。

② 鼠标移动到任务栏上的网页后单击右键，在快捷菜单中选择“将此程序锁定到任务栏”，如图 8-11 所示。

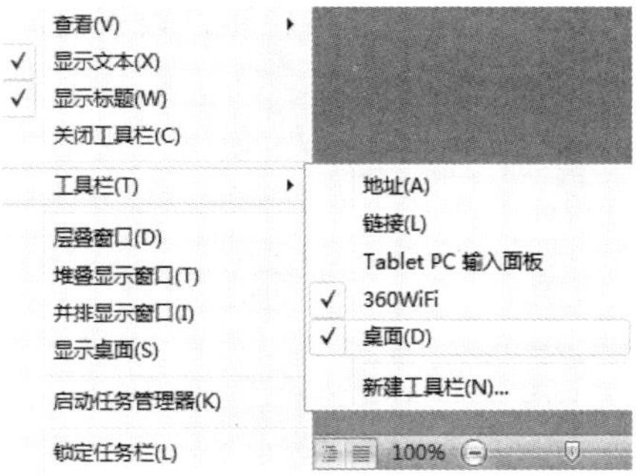

图 8-10　将桌面添加到任务栏

图 8-11　将网页锁定到任务栏

技能与知识点解析

1. 自定义任务栏

在任务栏属性里选择自定义任务栏，出现如图 8-12 所示窗口，然后自定义你喜欢的显示方式。

2. 调整时间的显示方式

打开时钟面板，选择“更改日期和时间设置”，如图 8-13 所示。在弹出的面板中选择“其他设置”，如图 8-14 所示。

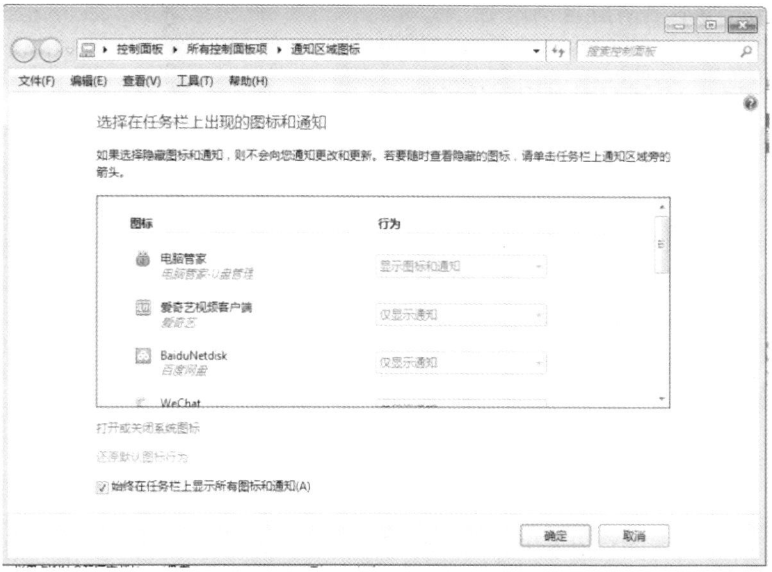

图 8-12　自定义任务栏

自定义格式，把长时间从 H:mm:ss 改成 H:mm:ss tt，tt 是 AM 或者 PM 符号（如 18:02:08 PM）。若要改成 12 小时制，则需要输入像 h:mm:ss tt（如 6:02:08 PM）。

图 8-13　时钟面板

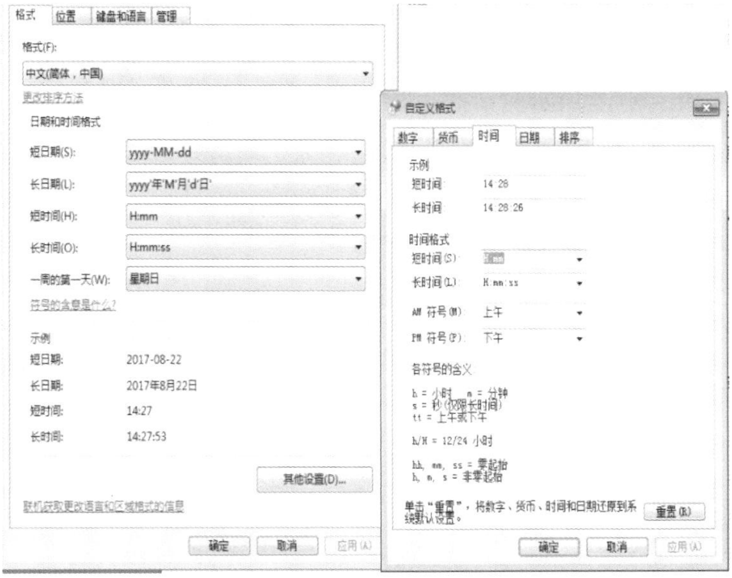

图 8-14　选择其他设置

探究与实践

练习 1：设置层叠显示窗口、堆叠显示窗口、并排显示窗口。

练习 2：快速显示桌面。

练习 3：显示两个不同时区的时钟。

8.3 配置程序及打印设备

知识要点

Windows 7 系统对于接入的外部设备或者移动硬盘等都会自动安装好适合的驱动程序。如果没有合适的驱动程序，系统就会自动提示。

实战任务

任务 1 手动设置打印设备

任务描述：

熟练掌握手动添加打印设备操作。

任务要点：

（1）熟练掌握手动添加打印机的操作；

（2）选择打印机型号。

任务实施：

① 将打印机设备接入计算机中，打开打印机的电源。

② 单击“开始→设备和打印机”，打开“设备和打印机”对话框，选择“添加打印机”弹出如图 8-15 所示对话框，选择“添加本地打印机”。

图 8-15 添加本地打印机

③ 端口设置为默认类型，单击“下一步”按钮，如图 8-16 所示。

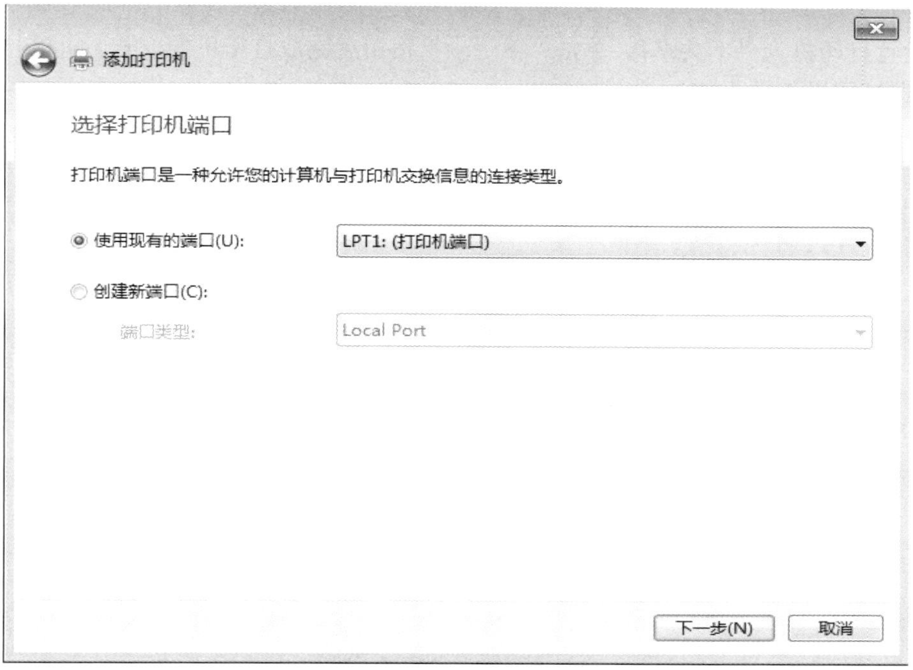

图 8-16　默认端口设置

④ 根据连入计算机的打印机类型，选择需要安装的打印机，如图 8-17 所示。

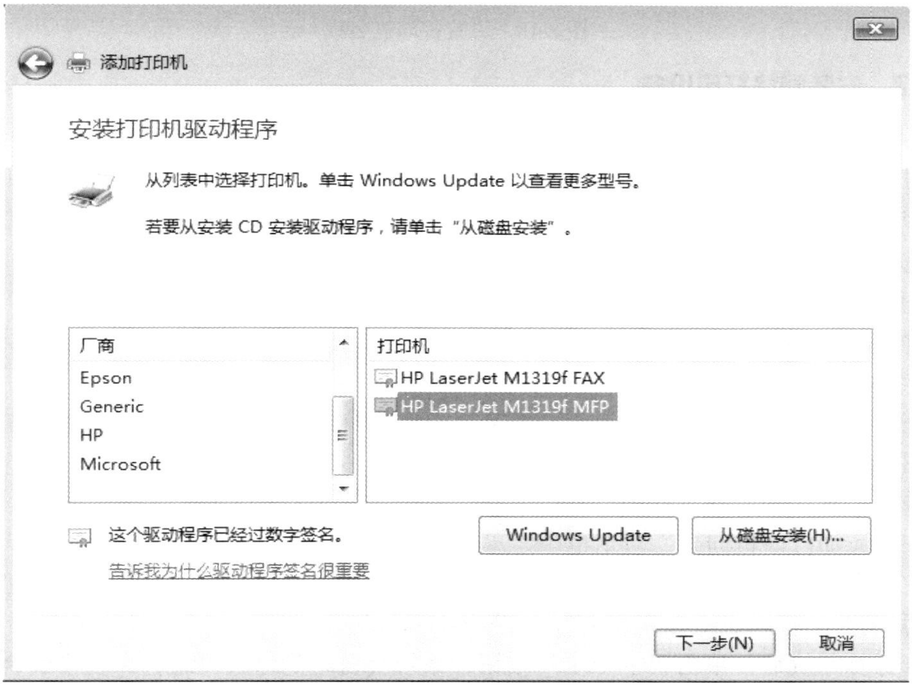

图 8-17　选择连入计算机的打印机类型

⑤ 选好后，单击“下一步”按钮，设置打印机的名称，如图 8-18 所示。设置好后单击“下一步”按钮。

⑥ 设置打印机为“不共享”。单击“下一步”按钮后完成打印机的安装。可以打印一份测试页以确保打印机工作正常。

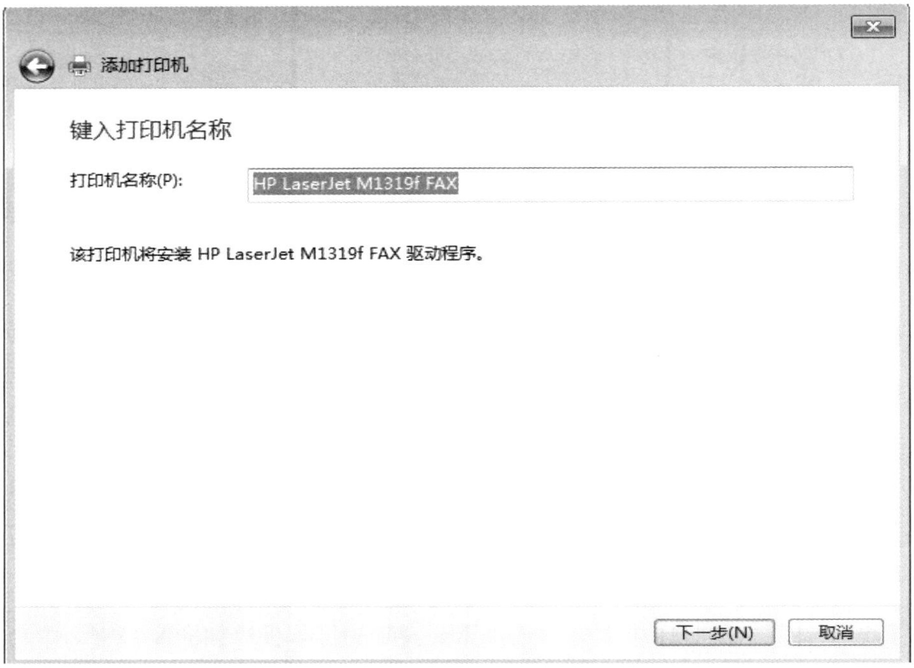

图 8-18　设置打印机名称

任务 2　安装网络打印设备

任务描述：

网络打印机是指通过将打印机作为独立的设备接入局域网或因特网，从而使打印机摆脱只作为单台计算机专属外设的附属地位，使之成为网络中的共享设备，其他用户可以通过网络使用该打印机。

任务要点：

能够快速地在有局域网的地方设置好网络共享打印机。

任务实施：

① 在连接共享打印机的计算机上找到打印机的名称，确保此打印机是共享状态。如果有需要可以联系管理员。

② 单击“开始→设备和打印机→添加打印机”。

③ 在“添加打印机向导”对话框中，单击“添加网络、无线或 Bluetooth 打印机”。

④ 在出现的列表中选择需要连入的打印机名称，如果知道要连接的打印机名称，可以直接选择“我需要的打印机不在列表中”，如图 8-19 所示。

⑤ 选好打印机后，单击“下一步”按钮，系统会自动为这台网络打印机安装合适的驱动程序。如果系统提示输入管理员密码或进行确认，请输入该密码或提供确认。完成后，单击“下一步”按钮完成整个安装。同样，可以打印一份测试页以确保此网络打印机工作正常。

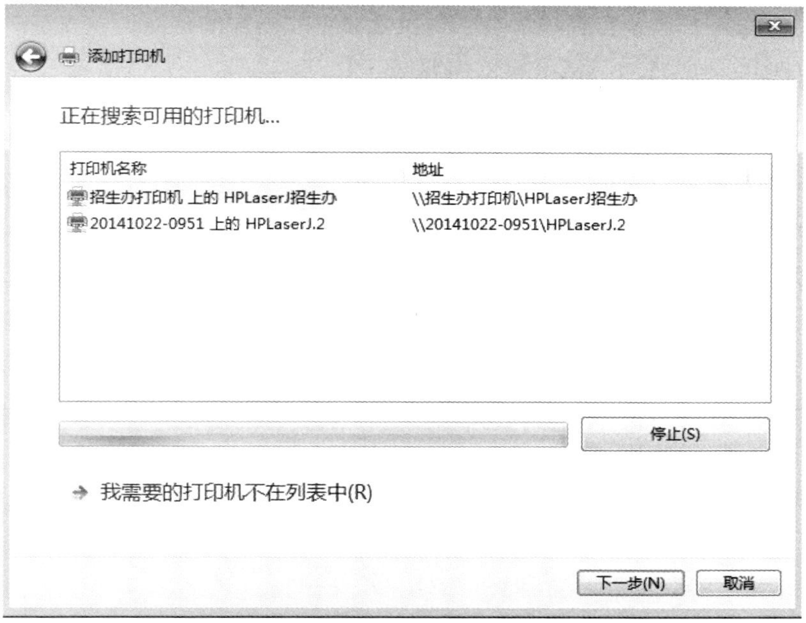

图 8-19　添加网络打印机

任务 3　打印一个 Word 文件

任务描述:

熟练应用打印机来打印各种文档。

任务要点:

（1）打印特定页面;

（2）打印连续页面。

任务实施:

① 选择需要打印的 Word 文档并将文档打开。

② 选择打印后出现“打印”对话框，如图 8-20 所示。

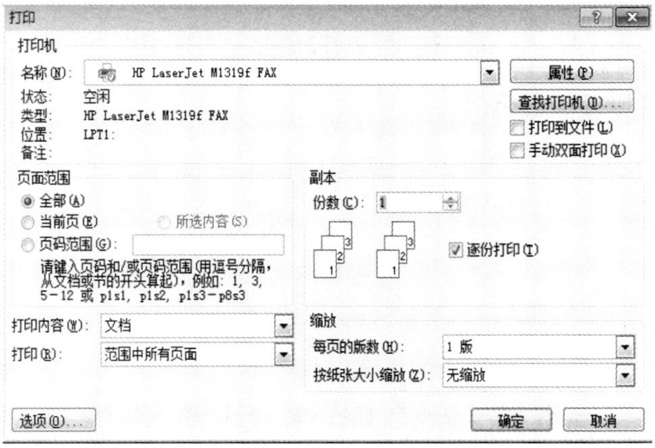

图 8-20　“打印”对话框

③ 直接单击“确定”按钮可以打印整个文档。

④ 在“页面范围”内选择“当前页”可以打印鼠标所在的页面，在“页码范围”框内输入“5-6”，则打印的是第 5 页到第 6 页的内容。

任务 4　打印一张图片

任务描述：

熟练应用打印机来打印各种图片。

任务要点：

（1）打印特定页面；

（2）打印连续页面。

任务实施：

① 可以在需要打印的图片上直接单击右键选择“打印”，也可以打开图片后在图片浏览器中打印。

② 在“打印图片”对话框中，可以选择打印机类型、纸张大小、打印质量、打印样式、打印份数和适应边框打印，如图 8-21 所示。

图 8-21　Windows 照片查看器中的“打印图片”对话框

任务 5　取消、重排打印任务

任务描述：

对误打印的任务进行取消打印操作。

任务要点：

（1）取消打印任务；

（2）重新排列打印任务。

任务实施：

① 启动一组文档打印操作后，双击通知区域的打印机图标。

② 在弹出的对话框内显示了正在打印的文件，如图 8-22 所示。

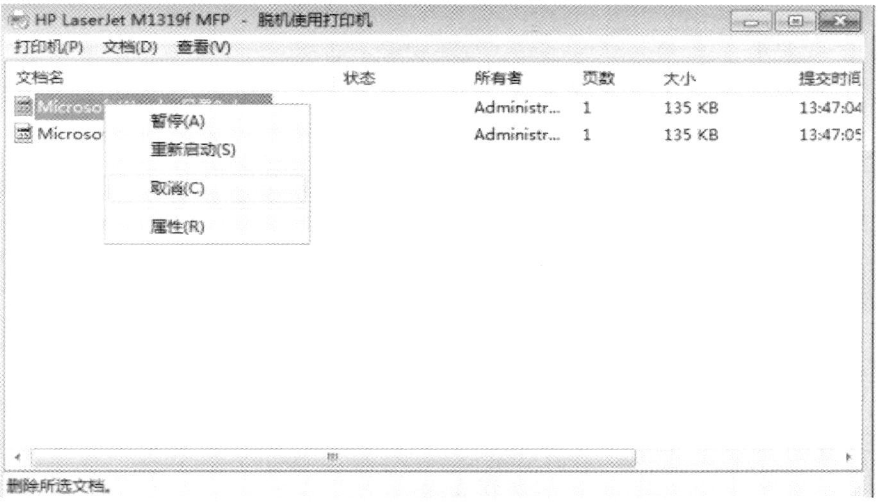

图 8-22　显示正在打印的文件

③ 右键单击要删除的打印作业，再单击“取消”，然后单击“是”按钮确定。

④ 右键单击要重新排序的项目，然后单击“属性”。

⑤ 单击“常规”选项卡，向左或向右拖动“优先级”选项卡（左侧为最低优先级，右侧为最高优先级）以更改打印顺序，然后单击“确定”按钮。

任务 6　安装应用软件

任务描述：

根据个人需要安装应用软件。

任务要点：

（1）通过网络下载安装程序进行安装；

（2）通过光盘安装软件。

任务实施：

① 通过网络下载需要安装的程序，将计算机连入网络后，打开网页并搜索需要安装的程序名称，如“QQ”。打开腾讯网页找到“QQ”软件进行下载，下载到计算机后，双击 QQ.exe 文件进入软件安装向导，根据提示完成安装内容。

② 通过光盘安装软件，将光盘放入计算机，通过 CD 或 DVD 安装的许多程序会自动打开程序的安装向导。在这种情况下，将显示“自动播放”对话框，直接根据向导的内容进行安装即可。如果光盘启动后不自动开始安装，可以通过“我的电脑”打开光盘来浏览光盘内容，然后找到需要安装的程序文件，一般此文件名称通常为 Setup.exe 或 Install.exe。

任务 7　卸载应用软件

任务描述：

安装后的程序，如果不想再使用，或者硬盘空间不够大，需要释放硬盘空间，则可以从计算机上卸载一些程序。可以使用“程序和功能”卸载程序，也可以通过添加或删除某些选项来更改程序配置。

任务要点：

（1）通过计算机卸载程序；

（2）通过软件卸载程序。

任务实施:

① 通过计算机来进行程序卸载。单击“开始→控制面板→程序→程序和功能”，打开“程序和功能”对话框；选择需要卸载的程序，然后单击“卸载”按钮了卸载选项外，一些程序中还包含了“更改”或“修复”程序的选项，若要更改或者修复该程序，请单击“更改”或“修复”按钮。需要卸载的程序，选择的时候注意提示，如果系统提示需要输入管理员密码或进行确认，请核实好密码后输入该密码或提供确认。

② 通过一些软件可以在软件中直接卸载程序，如 360 软件助手。

技能与知识点解析

1．卸载程序小贴士

在使用计算机程序的时候，有可能遇到这样的情况，软件卸载不了，或者卸载得不完全，此时可以使用第三方软件来进行强力卸载，如 360 软件助手等。

2．打印机属性

在使用打印机进行文件打印的时候，可以通过打印机属性进行打印设置，如图 8-23 所示。

图 8-23　打印机属性

探究与实践

练习 1：将本地的打印机设置成网络共享打印机。

练习 2：快速打印多个图片或者文档。

练习 3：删除计算机中已经存在的打印机，并重新安装。

8.4 用户账户和安全管理

知识要点

用户账户用来记录用户的用户名和口令、隶属的组、可以访问的网络资源，每个用户都应在域控制器中有一个用户账户，有了自己的个人账户才能访问服务器，使用计算机和登录网络使用网络上的资源。根据账户的不同类型，通知 Windows 使用者可以访问哪些文件和文件夹，并且可以对计算机和个人首选项（如程序或屏幕保护程序）进行哪些更改或者操作。通过用户账户，管理员身份的用户可以在拥有自己的文件和设置的情况下设置与其他多个人共享计算机。每个人都可以有其独立的用户名和密码。

Windows 的账户有三种类型：标准账户、管理员账户和来宾账户。每种类型为使用本计算机的用户提供了不同的计算机控制级别：

① 标准账户，可以使用大多数软件以及更改不影响其他用户或计算机安全的系统设置。

② 管理员账户，管理员有对计算机的完全访问权，可以做任何需要的更改。根据通知设置，可能会要求管理员在做出会影响其他用户的设置前提供管理员身份的密码确认。管理员可以对计算机进行最高级别的控制。

③ 来宾账户，主要针对的是需要临时使用本计算机的用户。

实战任务

任务 1 创立用户账户

任务描述：

在 Windows 7 中熟练创立用户账户。

任务要点：

创建一个标准账户“ABC”。

任务实施：

① 单击“开始→控制面板→用户账户”，如图 8-24 所示。

② 单击“管理其他账户”，出现如图 8-25 所示窗口，在“该名称将显示在欢迎屏幕和「开始」菜单上”一栏填写创建的用户名称“ABC”，单击“创建账户”按钮。

任务 2 更改用户账户权限

任务描述：

在 Windows 7 中熟练更改用户账户权限。

任务要点：

掌握更改账户权限的方法，将已经建立的标准账户“ABC”改为管理员账户。

任务实施：

① 单击“开始→控制面板→用户账户”，选择“ABC”账户，如图 8-26 所示。

图 8-24　用户账户

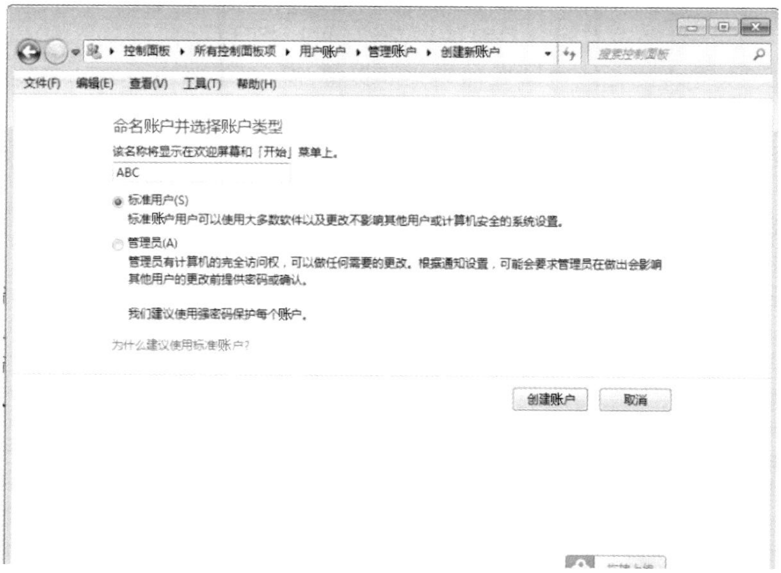

图 8-25　标准用户账户

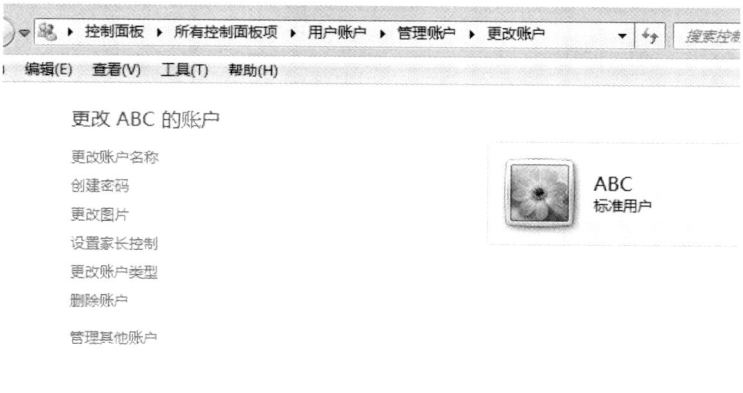

图 8-26　更改用户账户界面

② 单击“更改账户类型”，选择“管理员”账户类型，然后单击“更改账户类型”，设定该账户为“管理员”身份，改好后如图 8-27 所示。

图 8-27　更改“ABC”账户为管理员身份

任务 3　设置目录访问权限

任务描述：

在 Windows 7 中设置目录访问权限。

任务要点：

如果您的计算机在域中，那么就涉及目录访问权限的设置。

任务实施：

① 单击“开始→控制面板→用户账户和家庭安全→用户账户”，然后单击“管理用户账户”。

② 在“用户”选项卡中，在“本机用户”下，单击用户账户名称，然后单击“属性”。

③ 在“组成员身份”选项卡中，单击希望账户所在的组，单击“确定”按钮，然后再次单击“确定”按钮。

技能与知识点解析

1. 创建用户密码

有时为了提高访问计算机的安全性，需要给使用的用户添加密码，在用户登入计算机时需要输入相应的密码才能进入。

实施该操作，可以在设置中单击需要添加密码的账户后，在左侧选项中选择“创建密码”。

2. 注销、锁定和切换用户

注销用户：当用户需要离开计算机很长时间，工作的内容保存好了以后，并且不需要别人使用该账户时，可以选择“注销”账户，如图 8-28 所示，这样就直接回到登录时的选择用户界面。

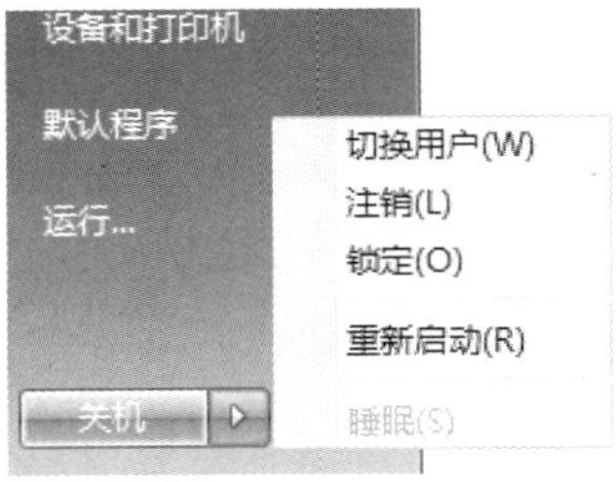

图 8-28　注销、锁定和切换用户

锁定用户：当前用户需要离开计算机一小会儿，所有正在使用的数据不需要进行关闭，可以单击“锁定”，出现的界面是当前用户界面，需要重新输入当前用户的密码才能再次进入系统中。

切换用户：其他用户想要使用计算机的时候可以直接选择“切换用户”打开选择用户的界面，此时可以选择需要登录系统的用户。

探究与实践

练习 1：通过管理员账户设置标准账户和来宾账户。
练习 2：给已有的账户设置家长控制。
练习 3：删除一个已经存在的账户。

8.5 配置和使用 Windows Update

知识要点

Windows Update 是现在大多数 Windows 操作系统都带有的一种自动更新工具，一般用来为漏洞、驱动、软件等提供升级服务。通过及时有效地进行各种插件、漏洞的更新，可以使我们的计算机体验更舒服、更流畅、更安全。若要让 Windows 在可获得重要更新时安装这些更新，可以启用自动更新功能。更新可以让用户获得更高的安全性和可靠性。

实战任务

任务 配置和使用 Windows Update

任务描述：
将“从不检查更新（不推荐）”选项更改为“下载更新，但是让我选择是否安装更新”。
任务要点：
使用 Windows Update 更改 Windows 更新模式。
任务实施：
① 单击“开始→控制面板→Windows Update”，如图 8-29 所示。

图 8-29 Windows Updata

② 在打开界面的“重要更新”里进行选择，如图 8-30 所示。

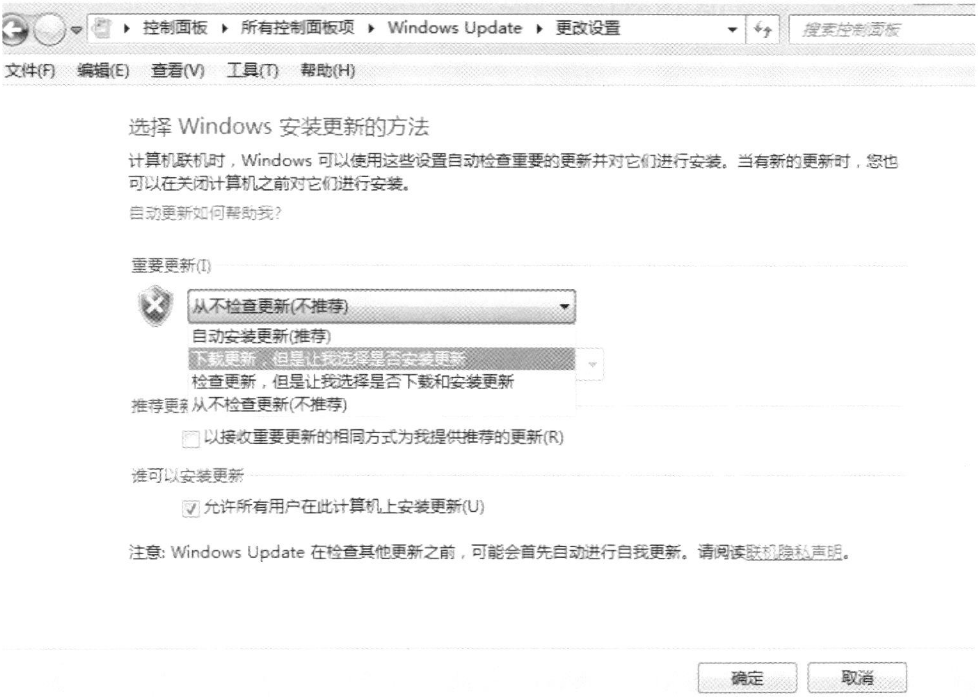

图 8-30　Windows Update 更改设置

技能与知识点解析

Windows 防火墙

Windows 7 的自带防火墙做了很大的改进，其美观性和易用性广泛受到用户的好评，并且功能比较强大。我们只需从 Windows 7“开始”菜单处进入“控制面板”，然后找到“系统和安全”项单击进入即可找到“Windows 防火墙”，它最大的特点就是内外兼防，通过“家庭或者工作网络”和“公用网络”两个方面来对计算机进行防护。尤其是“高级设置”里的功能更加全面，能与一般的专业防火墙软件相媲美，通过入站与出站规则可以设置应用程序访问网络的情况，另外，监视功能可以清晰反映出当前网络流通的情况，还可以设置自定义的入站和出站规则。在系统安全性方面 Windows 7 也做出了很多的改进，包括 UAC 和防火墙功能。Windows 7 自带的防火墙与老版 Windows 系统的防火墙相比功能更实用，且操作更简单。如防火墙的启动，我们只需从 Windows 7“开始”菜单处进入“控制面板”，然后找到“系统和安全”项，单击进入即可找到“Windows 防火墙”功能。

探究与实践

练习 1：在 Windows 防火墙的“高级设置”中设置，禁止一些应用程序访问网络。
练习 2：设置打开和关闭防火墙。

8.6 技能与知识巩固

8.6.1 技能演练

1．小明在使用 Windows 7 操作系统的时候，想要在电脑桌面设置一个时钟，但是他不清楚具体该怎么操作，你能不能帮助他设置一个好看的时钟？请将具体步骤写出来。

2．由于工作需要，小同需要在自己的家里安装一台打印机，请你帮助她安装一下，并将具体安装步骤写出来。

3．对文件或文件夹设置用户权限。

4．尝试将计算机连接到投影仪上，将计算机中的内容在投影仪的大屏幕上进行演示。

5．尝试安装一个软件，并简述什么是驱动程序。

6．尝试自己添加一个账户，并将具体添加步骤写出来。

8.6.2 知识强化

一、填空题

1．__________ 是指屏幕显示的分辨率，显示分辨率就是屏幕上显示的______个数。

2．屏幕尺寸一样的情况下，分辨率越高，显示效果就越__________________。

3．20 英寸屏幕（标准比率）：______________像素。

4．如果将________________复选框选中，此时任务栏就不能随意进行修改了。

5．桌面个性化可以通过更改计算机的__________、颜色、声音、__________、屏幕保护程序、__________和用户帐户图片来向计算机添加个性化设置。

6．Windows7 有三种类型的帐户，分别是__________、__________和____________。

7．可以在需要打印的图片上直接右键单击选择“__________”即可将图片打印。

8．其他用户想要使用电脑的时候可以直接选择“____________ ”出现选择用户的界面，此时可以选择需要登录系统的用户。

9．Winows7 系统任务栏是位于屏幕__________的__________长条。

10．Winows7 系统任务栏由三个部分组成，最左侧是___________菜单；中间部分是显示已经打开的程序或者文件，通过单击文件或者程序进行切换；最右侧是___________，显示一些特定的程序及时钟。

二、选择题

1．屏幕分辨率（　　），文本和图像越小、越清楚；屏幕分辨率（　　），文本和图像越大、越不清楚。

A．高　　B．中　　C．低　　D．无

2．投影仪使用（　　）或（　　）电缆，必须将该电缆插入计算机上的匹配视频端口。

A．VGA　　B．PCI　　C．DVI　　D．USB

3．LCD 监视器通常采用两种形状：一种是标准比例，宽度和高度之比为（　　），另一种是宽屏幕比例，宽度和高度之比为 16：9 或 16：10。

A．5：2　　B．4：3　　C．5：3　　D．4：2

4．Windows 7 的自带防火墙功能比较强大，它最大特点就是内外兼防，通过“家庭或者工作网络”和（　　）两个方面来对计算机进行防护。

A．家庭网络　　B．专用网络　　C．公用网络　　D．工作网站

5．当用户需要离开电脑很长时间，工作的内容保存好了以后，并且不需要别人使用该账户时，可以选择（　　），这样就直接回到登陆时的选择用户界面。

A．切换帐户　　B．注销帐户　　C．管理帐户　　D．锁定

三、简答题

1．什么是防火墙？如何正确使用防火墙对系统进行防护？

2．请简单回答如何设置打印机并进行文档打印。